"十二五"国家重点图书出版规划项目

风力发电工程技术丛书

垂直轴风力机

蔡新　高强　潘盼　郭兴文　编著

内 容 提 要

本书是《风力发电工程技术丛书》之一。本书详细介绍了垂直轴风力机的结构体系特点及工作性态，主要内容包括垂直轴风力机空气动力学、结构设计、现代计算方法、新型结构型式、疲劳寿命、运行调控与维护、风场特性等。

本书可供风力发电领域科研、设计、施工及运行管理的工程技术人员阅读参考，也可作为高等院校相关专业师生的教学参考书。

图书在版编目（CIP）数据

垂直轴风力机 / 蔡新等编著. -- 北京 : 中国水利水电出版社, 2016.2
（风力发电工程技术丛书）
ISBN 978-7-5170-4101-6

Ⅰ. ①垂… Ⅱ. ①蔡… Ⅲ. ①风力发电机 Ⅳ. ①TM315

中国版本图书馆CIP数据核字(2016)第026972号

书　名	风力发电工程技术丛书 **垂直轴风力机**
作　者	蔡新　高强　潘盼　郭兴文 编著
出版发行	中国水利水电出版社 （北京市海淀区玉渊潭南路1号D座　100038） 网址：www. waterpub. com. cn E-mail：sales@waterpub. com. cn 电话：（010）68367658（发行部）
经　售	北京科水图书销售中心（零售） 电话：（010）88383994、63202643、68545874 全国各地新华书店和相关出版物销售网点
排　版	中国水利水电出版社微机排版中心
印　刷	北京纪元彩艺印刷有限公司
规　格	184mm×260mm　16开本　10.5印张　249千字
版　次	2016年2月第1版　2016年2月第1次印刷
印　数	0001—3000册
定　价	**35.00**元

《风力发电工程技术丛书》

编 委 会

主要参编单位 （排名不分先后）

河海大学
中国长江三峡集团公司
中国水利水电出版社
水资源高效利用与工程安全国家工程研究中心
华北电力大学
水电水利规划设计总院
水利部水利水电规划设计总院
中国能源建设集团有限公司
上海勘测设计研究院
中国电建集团华东勘测设计研究院有限公司
中国电建集团西北勘测设计研究院有限公司
中国电建集团中南勘测设计研究院有限公司
中国电建集团北京勘测设计研究院有限公司
中国电建集团昆明勘测设计研究院有限公司
长江勘测规划设计研究院
中水珠江规划勘测设计有限公司
内蒙古电力勘测设计院
新疆金风科技股份有限公司
华锐风电科技股份有限公司
中国水利水电第七工程局有限公司
中国能源建设集团广东省电力设计研究院有限公司
中国能源建设集团安徽省电力设计院有限公司
同济大学
华南理工大学
中国三峡新能源有限公司

丛书总策划 李　莉

编委会办公室

主　　任　胡昌支　陈东明
副 主 任　王春学　李　莉
成　　员　殷海军　丁　琪　高丽霄　王　梅　邹　昱
　　　　　张秀娟　汤何美子　王　惠

前　言

风力发电是风能利用的最主要方式，实现将风能转化为电能的装置是风力发电机。大功率并网式风力发电主要采用水平轴风力机，较小功率离网式风力发电多采用垂直轴风力机。传统认为垂直轴风力机风能利用率低而未能得到足够重视。垂直轴风力机的应用可追溯到几千年前，最早用以提水，利用垂直轴风力机进行发电的研究始于20世纪20年代，但到目前为止对其气动和流场特性的认识仍然是初步的。与水平轴风力机相比，垂直轴风力机具有受风多向性、结构简单、地面安装、检测控制方便、维修费用低、受力稳定、寿命更长、对自然环境影响小、投资成本低等诸多特点。随着研究技术水平的提高，垂直轴风力机同样可实现较高的风能利用率，同时有效地降低风电成本，具有广阔的应用前景。本书重点对垂直轴风力机的基本特性、结构设计和运维的核心技术问题作探讨。

本书共8章，主要介绍空气动力学原理及计算方法、垂直轴风力机气动特性、垂直轴风力机结构设计、垂直轴风力机疲劳寿命、新型垂直轴风力机、垂直轴风力机运行控制与防护、垂直轴风力机风场等。

本书主要由蔡新、高强、潘盼、郭兴文编著，蔡新教授任主编并统稿定稿。孟瑞、张羽、张远、丁文祥、王辰宇、吴飞宇参与了本书有关的研究工作和部分章节编写。参加研究工作的还有江泉、顾水涛、朱杰、顾荣蓉、张建新、舒超、张灵熙等。该书的部分研究成果为江苏高校首批“2011计划”（沿海开发与保护协同创新中心，苏政办发〔2013〕56号）。

限于作者水平及研究深度，书中难免存在不妥及疏漏之处，恳请读者批评指正。

2016年1月

目　录

第1章　绪　　论

风能作为清洁、可再生能源，是一项受全球关注的重要新能源。风能利用的最主要方式是风力发电，而风力机结构体系的合理性和安全可靠性直接影响着风能利用和风能转化的效率。

本章主要介绍风与风能利用、风力发电、垂直轴风力机的类型及特点。

1.1　风　能　利　用

风能是地球表面空气流动所产生的动能。由于地面各处受太阳辐照后气温变化不同和空气中水蒸气含量不同，因而引起各地气压差异，高压空气向低压地区流动，即形成风，因此风能是太阳能的一种重要转换形式。太阳把能量以热能的形式传到地球，其中大约2%转化为风能。地球表面的风能总量十分可观，约为2.74×10^{9}MW，其中可利用风能约为2×10^{7}MW。

1.1.1　风能特点

风能与其他能源相比，有其显著的特点。

1. 风能的优越性

(1) 风能的蕴藏量巨大。太阳氢核稳定燃烧时间在60亿年以上，风能是太阳能的一种转化形式，故人们常以“取之不竭，用之不尽”来形容风能利用的长久性。根据专家估算，在全球边界层内风能总量相当于目前全世界每年所燃烧能量的3000倍左右。

(2) 就地可取，无需运输。由于矿物能源煤炭和石油资源地理分布的不均衡，给交通运输带来了压力。电力的传送虽然方便，但为了向人烟稀少的偏远地区送电而架设费用高昂的高压输电线路，显然需要较大的前期投入。因此，就地取材开发风能是解决我国偏远地区能源供应的重要途径。

(3) 分布广泛，分散使用。如果将在地表上10m高处、密度大于150W/m^{2}的风能作为有利用价值的能源，则全世界约有2/3的地区具有这样有价值的风能。虽然风能分布也有一定的局限性，但是与化石燃料、水能和地热能等相比，仍称得上是分布较广的一种能源。风力发电系统可大可小，因此便于分散使用。

(4) 不污染环境，不破坏生态。化石燃料在使用过程中会释放出大量的有害物质，使人类赖以生存的环境受到破坏和污染。风能在开发利用过程中不会给空气带来污染，也不破坏生态，是一种清洁安全的能源。

2. 风能的弊端

(1) 能量密度低。空气的密度仅是水的1/773，因此在风速为3m/s时，其能量密度仅为0.02kW/m^2，而水流速为3m/s时，能量密度为20kW/m^2。在相同流速下，要获得与水能同样大的功率，风轮直径要相当于水轮的27.8倍。由此看来，风能是一种能量密度极其稀疏的能源，单位面积上只能获得很少的能量。

(2) 能量不稳定。风能对天气、气候以及地貌等非常敏感，随机性大。虽然各地区的风能特性在一个较长时间内大致有一定的规律可循，但是其强度每时每刻都在不断地变化之中，不仅年度间有变化，而且在很短的时间内还有无规律的脉动变化，即时空差异大，风能的这种不稳定性给风能开发利用带来了一定的难度。

1.1.2 风能利用的主要形式

我国是世界上最早利用风能的国家之一，早在商代就出现了帆船，有文字记载“随风张幔曰帆”，后来又发明了帆式风车，在《天工开物》中就有记载“杨郡以风帆数扇，俟风转车，风息则止”的论述。明代以后风车被广泛应用于提水灌溉、制盐等。在国外，相传公元前17世纪，巴比伦国王哈姆拉比（Hammurabi）曾经打算借助风力灌溉富饶的美索不达米亚平原，当时所设计的风力机雏形与伊朗高原现存的风车遗迹类似，伊朗高原风车遗址如图1-1所示。公元前2世纪，古波斯人利用垂直轴风车进行碾米，直到中世纪，风车才在意大利、法国、西班牙和葡萄牙出现，而传到英国、荷兰和德国还要晚一些，19世纪出现的多叶片低速风车并没有在欧洲大陆上推广开来，却在1870年前后风靡美国，并由此得名“美国风车”。综合来看，风能利用主要有风力提水、风帆助航、风力制热、风力发电等形式。

1. 风力提水

风力提水从古至今一直被广泛应用，方以智著的《物理小识》记载有：“用风帆六幅，车水灌田，淮阳海皆为之”。风力提水作为风能利用的主要方式之一，在解决农牧业灌排、边远地区的人畜饮水以及沿海养鱼、制盐等方面都不失为一种简单、可靠、有效的实用技术。根据提水方式的不同，现代风力提水机可分为风力直接提水和风力发电提水两大类，风力提水机又可分为高扬程小流量型、中扬程大流量型和低扬程大流量型。图1-2为典型的高扬程小流量风力提水机。

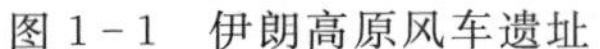
图1-1 伊朗高原风车遗址

图1-2 高扬程小流量风力提水机

2. 风帆助航

我国是最早使用帆船的国家之一，至少在3000年前的商代就出现了帆船。唐代有“长风破浪会有时，直挂云帆济沧海”的诗句，可见那时风帆船已广泛用于江河航运。最

辉煌的风帆时代是我国的明代，14世纪初叶中国航海家郑和七下西洋，庞大的风帆船队功不可没。在机动船舶发展的今天，为节约燃油和提高航速，古老的风帆助航也得到了发展。航运大国日本已在万吨级货船上采用电脑控制的风帆助航，节油率达15%。图1-3为风帆助航用于现代航运。

3. 风力制热

风力制热主要有液体搅拌制热、固体摩擦制热、挤压液体制热和涡电流法制热等。目前，风力制热主要用于浴室、住房、花房、家禽、牲畜养殖房等的供热采暖。图1-4为液体搅拌风力制热系统装置。

图1-3 风帆助航

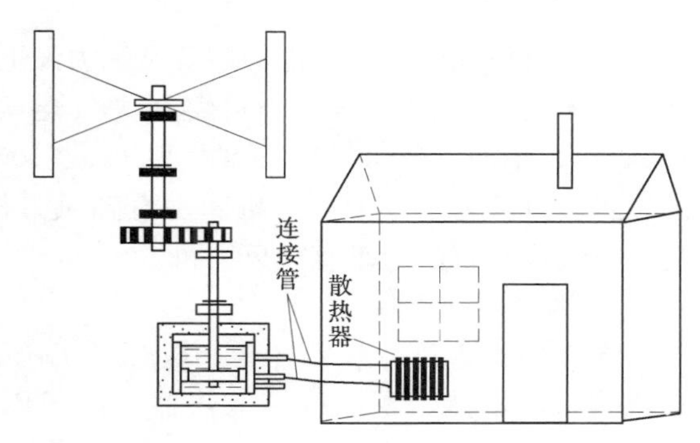

图1-4 液体搅拌风力制热系统装置

4. 风力发电

风力发电是指把风的动能先转变成机械动能，再把机械能转化为电能。风力发电的工作原理，是利用风力带动风力机叶片旋转，再通过增速齿轮提高旋转速度，进而驱动发电机发电。因为风力发电不需要使用燃料，也不会产生辐射或空气污染，因而正风靡全球。图1-5为现代风力机的两种主要型式。

(a) 水平轴风力机

(b) 垂直轴风力机

图1-5 风力机

1.2 风力发电技术

风力发电技术是涉及空气动力学、机械传动、电机、电力电子、自动控制、力学、材料学等多学科的综合性高技术系统工程。本节对两种主要的风力机机型，即水平轴风力机与垂直轴风力机各组成部件作简要介绍，并概述了离网型风力发电系统和并网型风力发电系统。

1.2.1 风力机类型

实现将风能转化为电能的装置是风力发电机组。风力发电机组的单机容量由几十瓦到几兆瓦不等，按照容量大小可将风力发电机组分为大型（100kW 以上）、中型（10～100kW）、小型（1～10kW）和微型（50～1000W）；按照风轮结构及其旋转轴相对于气流的位置又可分为水平轴风力机和垂直轴风力机，其中旋转轴与气流平行的为水平轴风力机，与气流垂直的为垂直轴风力机。

1. 水平轴风力机

水平轴风力机一般由叶片、轮毂、机舱、叶轮轴与主轴连接件、主轴、齿轮箱、刹车机构、联轴器、发电机、散热器、冷却风扇、风速仪与风向标、控制系统等部件所组成，水平轴风力机结构体系示意图如图 1-6 所示。叶片安装在轮毂上组成风轮，其作用是将风能转换为机械能，低速转动的风轮由增速齿轮箱增速后，将动力传递给发电机。齿轮箱与发电机都布置在机舱里，机舱由塔架支撑。为了有效地利用风能，偏航装置根据风向传感器测得的风向信号，由控制器控制偏航电机，驱动与塔架上大齿轮啮合的小齿轮转动，使风轮始终正对风向。由于齿轮箱在兆瓦级风力机中损坏率较高，国外研制出了直驱型风力机，这种风力机采用风轮与多级异步电机直接连接并进行驱动的方式，避免使用齿轮箱。

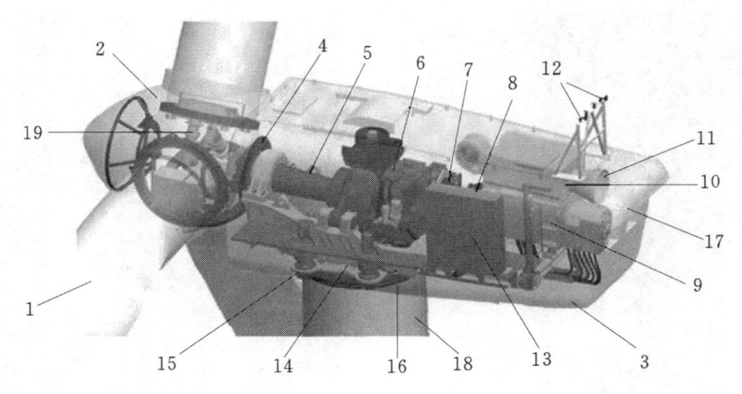

图 1-6　水平轴风力机结构体系示意图

1—叶片；2—轮毂；3—机舱；4—叶轮轴与主轴连接件；5—主轴；6—齿轮箱；7—刹车机构；8—联轴器；9—发电机；10—散热器；11—冷却风扇；12—风速仪与风向标；13—控制系统；14—液压系统；15—偏航驱动；16—偏航轴承；17—机舱盖；18—塔架；19—变桨距系统

2. 垂直轴风力机

垂直轴风力机一般由叶片、支撑杆、轴套、塔架、基座、机房、传动轴、发电机、刹车装置、电器柜等部件组成，垂直轴风力机结构体系示意图如图1-7所示。叶片截面一般采用NACA 00XX系列对称翼型，叶片通过水平支撑杆与转子中心支柱连接。转子中心支柱一般为薄壁圆筒钢管，部分采用三菱柱桁架结构。刹车装置、变速箱与发电机可安装在地面，结构稳定性好，便于维修。

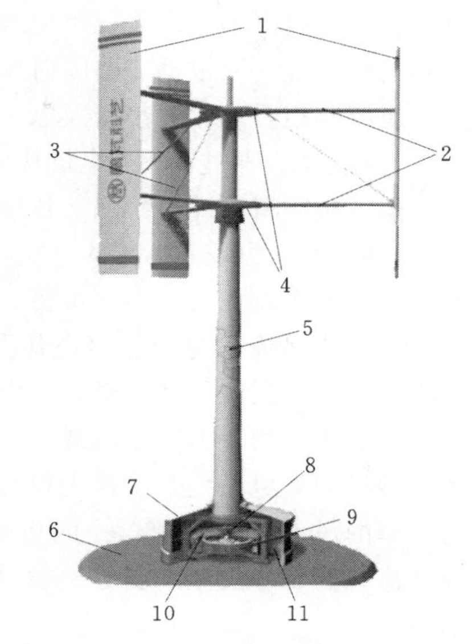

图1-7 垂直轴风力机结构体系示意图
1—叶片；2—水平支撑杆；3—斜支撑杆；4—轴套；5—塔架；6—基座；7—机房；8—传动轴；9—发电机；10—刹车装置；11—电器柜

实践表明，与水平轴风力机相比，垂直轴风力机单位千瓦的投资成本可下降50%左右，且维护费用低、检修简单、寿命更长。由于研究不足，一段时间内人们普遍认为垂直轴风力机风能利用率低于水平轴风力机，因此垂直轴风力机不被重视。后经大量的试验和计算表明垂直轴风力机实际风能利用率可达0.4以上，与水平轴风力机相当。因此，发展垂直轴风力机发电技术可有效降低风电成本，对风电行业的发展具有重大意义。

1.2.2 风力发电方式

风力发电主要运行方式有离网型和并网型两大类。

1.2.2.1 离网型风力发电

离网型风力发电多针对微小型风力机。微小型风力机因其安装方便、机动性高等优点已被广泛应用于风力资源丰富的地区。目前，我国安装使用的微小型风力机有50W、100W、150W、200W、300W、500W、1kW、2kW、3kW、6kW和10kW等11种型号若干种机型。微小型风力机由叶片、发电机、回转体、尾翼、立柱、蓄电池和底座等构成。由于风是间歇性的，利用风力发电并希望得到稳定电能的简单办法就是利用蓄电池，具体方法为：强风时，将发出的电输入蓄电池中；风力不足时，由蓄电池进行放电输出电能。离网型风力发电通常包括独立运行和组合运行两种方式。

1. 独立运行方式

独立运行方式，又称离网运行方式，通常是一台小型风力发电机组向一户或几户居民提供电力，用蓄电池储能，以保证无风时的用电。

2. 组合运行方式

风力发电与其他发电方式（如柴油机发电或太阳能发电）相结合，向一个单位、一个村庄或一个海岛供电。组合运行方式的小型风力发电机组，是我国远离电网的边远偏僻农村、牧区、海岛和特殊处所发展风力发电解决其基本用电问题的主要运行方式，除具有风力发电的一般优点外，其自身优点主要如下：

(1) 机动性高。小型发电机可配合需要增加或变更组件大小。

(2) 安装方便。可根据需要随时安装，安装简单，快速解决日常用电问题。

(3) 能源使用多元化。小型发电机可与多种不同的可再生能源组合，方便可靠。

(4) 量身定做。某些小型发电机种可以配合实际的电力需求调节发电量，提升发电效率。

(5) 减少对环境的冲击。代替传统能源，减少环境污染。

1.2.2.2 并网型风力发电

离网型风力发电在没有电网覆盖、人烟稀少的地方能够发挥其特有优势，但是其缺点也明显，即不能保证供电质量（电压和频率的稳定性）和可靠性（发生故障就得停电）。相对于离网型风力发电，并网型风力发电则能确保供电质量与可靠性，也是最具发展前景和规模化、商业化的风力发电方式。

并网型风力发电系统是指风力机与电网相连，向电网输送有功功率，同时吸收或者发出无功功率的风力发电系统，一般包括风力机（含传动系统、偏航系统、液压与制动系统、发电机、控制和安全系统等）、线路、变压器等。电网供电与单机供电相比，其优点主要如下：

(1) 提高了供电的可靠性，一台风力机发生故障或定期检修不会引起停电事故。

(2) 提高了供电的经济性和灵活性，例如风电厂与火电厂并联时，两种电厂可以调配发电，使得风资源与化石燃料资源得到合理使用。在用电高峰期和低谷期，可以灵活地决定投入电网的发电机数量，提高了发电效率和供电灵活性。

(3) 提高了供电质量，电网的容量巨大（相对于单台发电机或者个别负载可视为无穷大），单台发电机的投入与停机或个别负载的变化对电网的影响甚微，衡量供电质量的电压和频率可视为恒定不变的常数。

1.3 垂直轴风力机的发展

垂直轴风力机的应用可以追溯到几千年前，人们利用垂直轴风力机进行提水，但直到20世纪20年代后才开始对利用垂直轴风力机进行发电的研究，随着人们对垂直轴风力机性能的逐步认识和开发，垂直轴风力机有了更广阔的应用空间。

如前所述，垂直轴风力机的旋转轴垂直于地面或来流方向。所以，垂直轴风力机工作时不受流体方向改变的影响，无需设置偏航结构，且其齿轮箱和发电机安装在地面，相对于安装在离地面几十米高的水平轴风力机来说，具有更好的结构稳定性和可维护性。但是，垂直轴式风轮在工作过程中，周围扰动流体呈现强烈的周期性非稳态变化特征，具有叶片载荷变化剧烈，流动干扰复杂等问题。因此，垂直轴叶轮结构、气动性能设计中诸多问题逐渐呈现，认识和解决这些问题对于提升现代垂直轴风力机风能利用率、延长其疲劳寿命、降低制造成本具有重要意义。

1.3.1 垂直轴风力机分类

垂直轴风力机主要分为两种形式，即阻力型与升力型，后来结合两者优点又研发了组合型风力机。

1.3.1.1 阻力型风力机

利用气流对叶片前后表面的压强差来驱动叶轮的风力机称为阻力型风力机。

1. Blyth-Rotor 型风力机

第一台被用于发电的垂直轴风力机是由苏格兰工程师 James Blyth 于 1887 年发明的 Blyth-Rotor 型风力机，如图 1-8 所示。该风力机利用纯阻力型叶片驱动发电机转子为蓄电池充电。虽然当时对居民照明而言该风力机显得非常不经济，但是在偏远和人口稀少地区，没有电力传输设备，该类型风力机却发挥了很好的作用。

图 1-8　Blyth-Rotor 型风力机

2. LaFond 型风力机

受到离心式风扇和水利机械中的涡轮启发，法国工程师 Montpeuier 在 1930 年设计了 LaFond 型垂直轴风力机，如图 1-9 所示，它包括外围固定聚风板和内部多阻力型叶片转子。这种风力机叶片凹面和凸面受到风力作用后，形成较大阻力差，驱动内部转子快速旋转，风由上风向吹至下风向时，对途经的下风向叶片产生额外驱动力矩，因此，这种风轮具有较大的启动力矩，通常在 2.5m/s 的风速下就能正常启动。

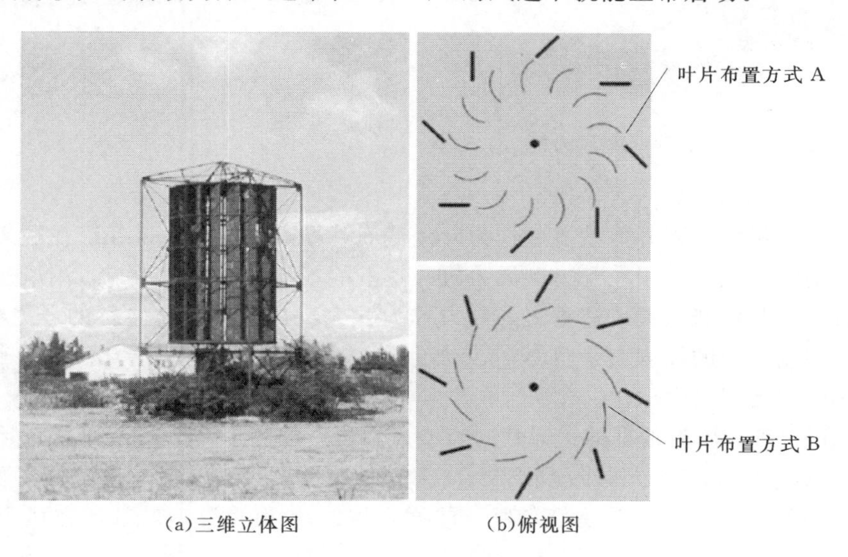

(a)三维立体图　(b)俯视图

图 1-9　LaFond 型风力机

3. Savonius 型风力机

Savonius 型风力机的概念是由芬兰工程师 S. J. Savonius 于 20 世纪 30 年代提出，是一种阻力型垂直轴风力机，如图 1-10 所示。Savonius 型风力机将两个半圆形叶片开口相对组成 S 形，并在旋转中心处有一部分重叠区，即在两叶片端部之间形成一定的间隙，该风力机具有结构简单、成本低、可设计性强、转动力矩高等优点，自诞生以来，大量工程

师对其进行了风洞试验研究并改进，使其最大风能利用系数达到了0.3。但与利用升力型的现代桨叶式水平轴风力机相比，其转速和效率依旧偏低，基于这个原因，Savonius型风力机被用于较小功率需求并具有经济性的场合，如抽水、驱动小型发电机、通风换气以及在冬季搅拌水塘防止结冰、海流计等方面。

4. 风杯式风力机

风杯式风轮由两个或三个半球面围绕转轴对称安装，球面方向相反，它利用气流在叶片前后形成的压强差来推动叶轮工作，如图1-11所示。当受到来自水平方向的风时，凹面承受的风阻力要比凸面承受的阻力大3～4倍，两侧的力矩差即为风力机输出扭矩。为提升风能利用率，并且使风力机转动平稳，风轮至少需安装3个风杯。然而该类型风力机最大线速度接近风速，叶尖速比λ通常小于1，且叶片在逆风区时产生的反向力矩降低了转动轴的总力矩，因此风能利用率较低。

图1-10 Savonius型风力机

图1-11 风杯式风力机

1.3.1.2 升力型风力机

升力型风力机，引入升力型翼型作为叶片截面，在高速旋转时可保证在顺风区内气流也吹向翼型前缘，风速作用在升力型风力机叶片上的气动力可分解为与入流风速平行和垂直的两个分力，其中与入流风速垂直的分力称为升力，与入流风速平行的分力称为阻力，升力在叶片转动方向的投影大于阻力在转动反方向的投影，风轮由升力驱动。

1. Giromill型风力机

Giromill型风力机为垂直轴直叶片升力型风力机，如图1-12所示，其叶片截面一般采用常用的航空翼型，如NACA和SAND系列。该类型风力机最早由法国工程师Georges Darrieus于1927年申请并获得专利。它通常由2～4根直翼型叶片，在风力作用下产生升力来驱动装置旋转发电。

Giromill型风力机风能利用系数可达到0.3以上。其结构型式和材料能够适应风轮在运转过程中产生的较大应力变化。在风力和惯性力作用下，该风力机可维持较为稳定的转速，并在湍流风况中运行良好。因此在许多特殊环境地区可替代水平轴风力机进行风力发电。

Giromill型风力机外形尽管简单，但是流经其旋转域的气流流场非常复杂，对其近场动态尾流研究一直是该类型风力机优化设计的热点。

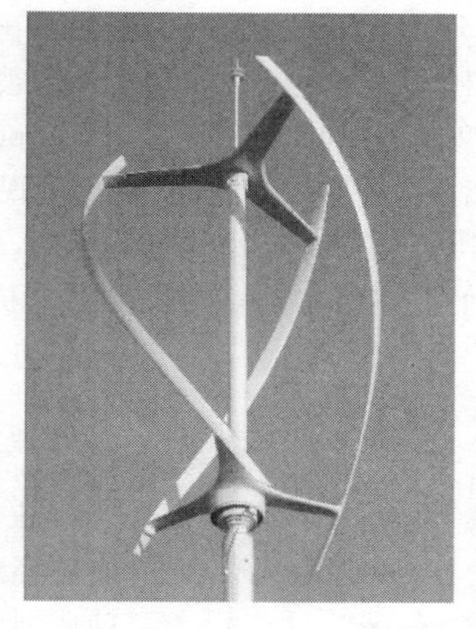

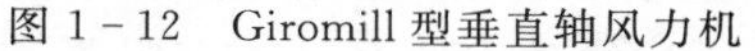

图 1-12　Giromill 型垂直轴风力机　　　　图 1-13　Gorlov 型螺旋叶片垂直轴风力机

2. Gorlov 型风力机

Gorlov 型风力机由 Giromill 型直叶片风力机演变而来，其最大的特点是将直叶片沿旋转圆域外围盘绕，沿其轴向看，叶片的投影长度等于旋转域的周长，如图 1-13 所示。该类型风力机由美国西北大学 Gorlov 教授于 1995 年申请专利。

Gorlov 型风力机公开的风洞试验数据显示，其风能利用率分布在 24.4%～39%之间，最佳叶尖速比为 2～2.5。由于 Gorlov 型风力机叶片在旋转域圆周处呈螺旋形分布，旋转过程中，在各个叶片之间的每支叶片的某一截面都处于最佳迎风攻角，使得风轮的启动力矩达到最大值。相对于 Giromill 型风力机存在启动力矩差且需要采用额外电能带动风轮旋转的缺点，Gorlov 型风力机具有极佳的启动性能。Gorlov 型风力机另一明显的优势是转矩输出平稳，因此相对于直叶片 Giromill 型风力机，具有扭曲外形的 Gorlov 型风力机可保持更长的使用寿命。

3. Darrieus 型风力机

Darrieus 型系列风力机中最适合于风场发电的机型为 Φ 型风力机，该类型风力机具有“搅蛋器”外形，通常具有 2～3 根叶片，Darrieus 型垂直轴风力机如图 1-14 所示。

(a) 主视图

(b) 仰视图

图 1-14　Darrieus 型垂直轴风力机

1931 年，Darrieus 型风力机由法国航空工程师 G. J. M. Darrieus 在美国申请并获得专利。在专利申请书中，该风力机外形被形容为“有一个如同跳绳形状的流线型曲线轮廓”。Darrieus 型风力机叶轮形状采用 Troposkien 曲线、抛物线、悬链曲线和 Sandia 型曲线。Darrieus 型风力机最初并没有受到重视，直到 20 世纪 60 年代，才得到加拿大国家科学委员会和美国圣地亚国家实验室的重视，进行了大量的实验研究，Darrieus 型风力机才具有了实用价值。在所有垂直轴风力发电机中，Darrieus 型风力机风能利用系数最高。目前，所有的升力型垂直轴风力发电机都可以归为 Darrieus 型风力机。

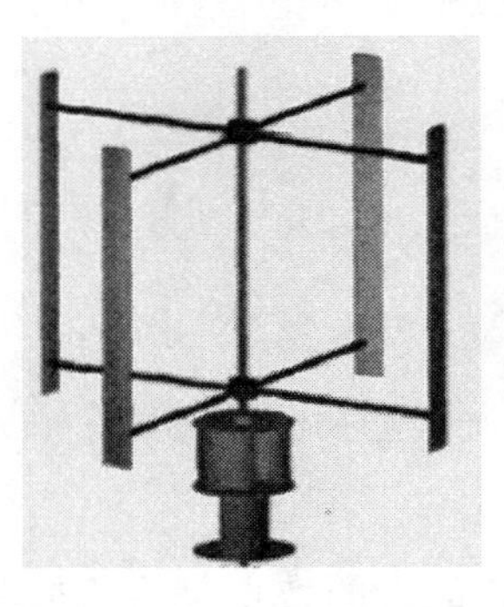

图 1-15　组合型垂直轴风力机

1.3.1.3　组合型风力机

升力型和阻力型风力机各有其优缺点，将两者相结合，取长补短，人们设计了组合型风力机。图 1-15 所示是一种典型的组合型垂直轴风力机，上部使用升力直线翼型，下部为阻力 S 型，通过气动力的互补，克服了升力型与阻力型的缺点，整体设计带来了较大的升力系数和较大的阻力扭矩，提高了风能利用率和启动性能。但组合型风力机结构、制造工艺以及安装等较为复杂。

1.3.2　垂直轴风力机商用成熟机型

与水平轴风力机相比，垂直轴风力机更适用于离网发电，并且在城市风能开发中发挥优势。风能专家预测，同为 10MW 的水平轴和垂直轴风力发电机组，后者单位电能成本远低于前者，并且能维持更长的使用寿命。

在大量垂直轴风力机试验样机研究基础上，如英国 Vertical-Axis Wind Turbines Limited 研发的 Giromill 型 Musgrove 风力机、Heidelberg Motor Company 生产的 HM-Rotor-300、美国 Sandia 国家实验室开发的 34m 旋转直径的 Darrieus 风力机、加拿大 Quebec City Cap Chat 建成的 Lavalin Eole（64m）研究型风力机，一系列商用垂直轴风力机及风场建立并投入使用。

1.3.2.1　Mariah Energy System 系列

Mariah Energy 风能利用公司成立之前，其设计师大部分供职于美国农业部门、能源部门以及其他私人新能源企业，该公司一直致力于制造较高风能利用率、运输成本低、运行维护成本低的垂直轴风力发电机。

该公司将突破性概念贯穿于垂直轴风力机设计之中，在市场上推广了一批 15～16kW 的小机型，并在 2012 年开发了新一代 2.5MW 商用机型，如图 1-16 所示。

如图 1-16（b）所示 2.5MW 商用机型造型简单、成本低廉并且风能利用高效，相对于同级别水平轴风力机具有以下优势：

（1）硕大的直叶片与水平轴风力机叶片比较，在输出较高电能的同时，极大地降低了制造成本，其单位输出功率成本仅为水平轴风力机的 1/3～1/2。

（2）风力机转子无需偏航装置，能够吸收各个方向的气流，并且能够适应风速的快速变化。

(a)15～16kW 的小机型

(b)2.5MW 机型

图 1-16 Mariah Energy 公司开发的风力机

(3) 该风力机采用智能电网管理技术，可自动调整叶片的旋转半径控制叶片载荷，提升叶片的气动力力矩并降低叶片在高风速下的转矩，起到刹车作用。

(4) 叶片气动外形采用自动调节技术，可提升风轮在不同风速下的功率输出，降低阻抗和顺风推力，进而提高风能利用率。

(5) 风力机装置安装简便，无需重型起重机，节约大部分运输、吊装和维护成本，Mariah Energy 2.5MW 机型安装过程如图 1-17 所示。

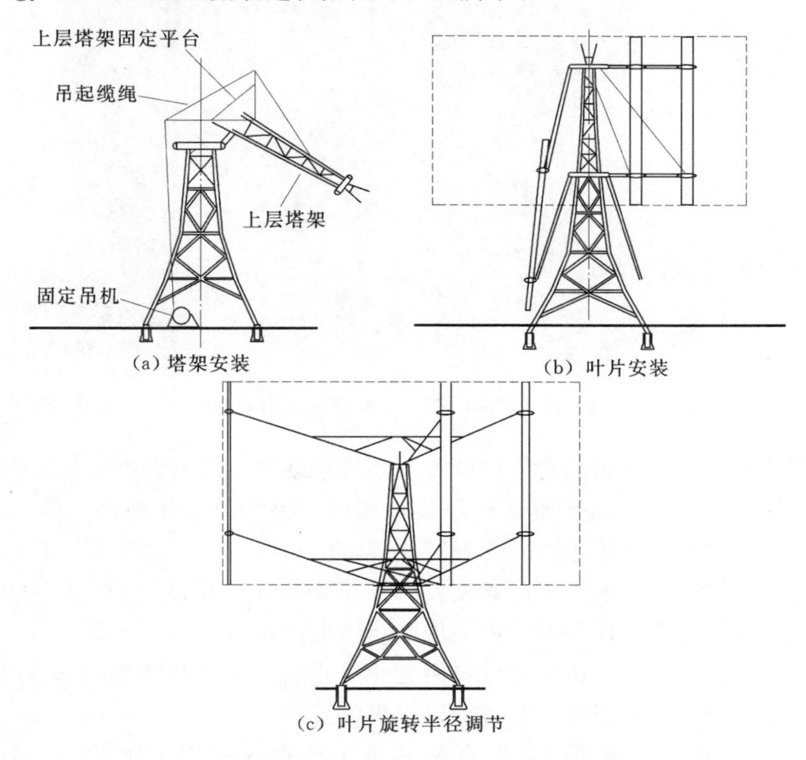

(a) 塔架安装

(b) 叶片安装

(c) 叶片旋转半径调节

图 1-17 Mariah Energy 2.5MW 机型安装过程

图 1-18 氢气制造、存储装置

(6) 该风力发电系统配备高效的氢气制造、存储设备，如图 1-18 所示。当电力输出过剩时，多余电量可用于氢气制备。电力需求旺盛时，存储氢气高效燃烧用于额外电力生成。整个系统对生态环境无任何污染。

1.3.2.2 Flowind 系列

在垂直轴风力机发展史上，最成功的风力机运营商是起始于 20 世纪 80 年代的 Flowind 公司。该公司主打机型是双叶片的 Darrieus _ Φ 型垂直轴风力机。在 Flowind 公司鼎盛时期，曾一度在美国加利福尼亚州风场安装了 500 台风力机，并向 2 万户家庭供电。在 1987 年，Flowind 公司的风电场平均输出功率达到 1000MW。迄今为止，没有另外任何一家垂直轴风力机公司达到这一水平。在当时，所有风力机在阳光下旋转发电，成为极为壮观的风景，Flowind 公司垂直轴风力机风场如图 1-19 所示。

图 1-19 Flowind 公司垂直轴风力机风场

由于扩张太快，该风力机制造缺陷随着时间推移逐渐显现出来，弯曲的铝合金叶片与转轴连接处开始疲劳断裂，以至于这一现象快速地在整个风电场扩展。到 20 世纪 90 年代，Flowind 公司风场生产点电力只有 1987 年时的 1/10。而到 2004 年，Flowind 公司风场的所有风机基本被清除，或当废品被变卖。当 Flowind 公司最后一台风力机被清理时，根据统计，其所有风力机在使用寿命内平均电能输出达到 10 亿 kW・h。

虽然 Flowind 公司退出了历史舞台，但它使得垂直轴风力机整整辉煌了 10 年，其业绩和市场占有率深深地影响了随后垂直轴风力机的发展。

在 Flowind 公司运营期间，主要有两款机型被投入使用，即 Flowind17 和 Flow-

ind19。两款风力机的基本技术参数见表1-1。

表1-1　Flowind公司主营风力机技术参数

机型	制造时间	额定功率/kW	旋转面积/m^2	额定转速/$(r\cdot m^{-1})$	额定风速/$(m\cdot s^{-1})$
Flowind17	1983年	142	260	71	19.6
Flowind19	1985年	250	340	61	17.0

由表1-1可知，Flowind17垂直轴风力机旋转面积为260m^2，相当于18m旋转直径的水平轴风力机，而Flowind19等价于21m旋转直径的水平轴风力机。在当时，虽属于大型风力机，但与现代风力机相比，相去甚远。

1.3.2.3　UGE系列

UGE风能公司全称为Urban Green Energy，城市绿色能源。作为全球领先的微型能源开发公司，UGE致力于为客户提供高质量、高效率和更优美的垂直轴风力发电机以及混合能源路灯，UGE系列风力机应用如图1-20所示。

(a) 屋顶风能开发

(b) 风光互补路灯

图1-20　UGE系列风力机应用

UGE携手优秀的合作团队，为全球分类能源开发提供解决方案。公司总部在美国纽约，在我国北京和英国伦敦设立了分公司，并在全球约有150个经销商。整个公司有101171.41m^2开发制造场地，并有3251.61m^2的工厂车间，有望成为全球最大的小型风力机制造商。

从成立伊始，UGE公司致力于小型垂直轴风力发电机的设计、研发和制造。其主打机型为螺旋形叶片的Gorlov型风力机。在充分利用磁悬浮技术在风电领域取得重大突破的基础上，UGE公司成功研发了磁悬浮系列的垂直轴风力机，并且其叶片启动力矩小、噪声小，在各种风况下，风能输出稳定，并且是首家获得风力发电机风能输出、安全和降噪资质证书的制造商。公司历经5年的发展，产品已经成熟，并构成一条完整的产品线，垂直轴风力机机型包括10kW的UGE-9M、4kW的UGE-VA、1kW的eddyGT、600W的eddy和200W的Hoyi。其中，UGE-9M是UGE开发的世界上最大的旋翼型垂直轴风力机，如图1-21所示。其高度约为9.6m，风轮直径为6m，叶片采用高强度复合材料，使用双轴承设计，大大降低了疲劳损耗。额定功率为10kW，噪声输出最高仅为38dB。

图1-21　UGE-9M垂直轴风力机

UGE公司参与我国国家“863”计划项目，为未来建立无人值守科考站和移动式科考舱。经过多轮调试和优选，公司研发了Hoyi后羿垂直轴风力发电机，并成功地为我国首台风力驱动机器人“极地漫游者”提供能源，极地漫游者机器人如图1-22所示。

图1-22　极地漫游者机器人

Hoyi后羿风力机具有占用空间小、噪声低、对风向无转向机构而且发电效率高等特点，为机器人长航程的漫游行走提供了有力保障。数据显示，在该风力发电机组的推动下，“极地漫游者”可以搭载近50kg重的仪器，在风速8～15m/s的时候通过风光电驱动不间断行走，甚至越过近半米高的障碍物，在冰盖复杂地形下进行多传感器融合的自主导航控制，并在卫星网络通讯下可实现国内直接遥控。

1.3.2.4 WS 系列

历史悠久的芬兰 Windside 公司开发了一种外形独特的阻力型垂直轴风力发电系统，提供给广大野外工作者，在最恶劣的环境下随时随地为电池充电。该公司的 WS 系列风力机是基于航天工程原理的垂直涡轮，涡轮转子由两个螺旋叶片驱动，Windside 公司开发的 WS 系列风力机如图 1 - 23 所示。

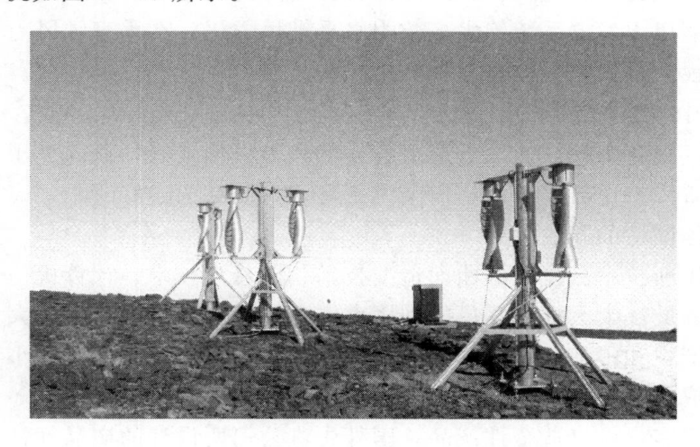

图 1 - 23 Windside 公司开发的 WS 系列风力机

该发电系统经过了风洞试验，并且在芬兰南部气象条件变化剧烈的海洋环境中进行了测试，取得了良好的工作效果。WS 系列风力机突出的特点是其在风速很低的情况下就可以给电池充电，且风轮面积越大启动风速越低，可在风速低于 1m/s 的状况下工作。在芬兰海岛地区进行的真实环境测试中，WS 风力发电机组的年发电量比在同一地区传统水平轴风力机的发电量高出 50%，有着极强的复杂风况适应能力。WS 系列风力机曾创下了在风速高达 60m/s 的状况下也能继续发电的世界纪录。风速并不是影响发电效率的唯一因素，风向和风强变化也会影响实际的发电量，而 WS 系列风力机独特的螺旋阻力型叶片可以保证叶片一直处在最合适的角度承接来风。

1.3.3 国外垂直轴风力机的启示

1.3.3.1 小型垂直轴风力机的优势

国外近年来的研究实践成果显示，垂直轴小型风力机在三个方面具有突出的优势。

1. 维修保养方面

风力发电机组的客户越来越需要使用寿命长、可靠性高、维修方便的产品。垂直轴风力机的叶片在旋转过程中由于惯性力与重力的方向恒定，疲劳寿命要长于水平轴的疲劳寿命；垂直轴风力机的构造紧凑，活动部件少于水平轴风力机，可靠性较高；垂直轴系统的发电机可以放在风轮下部很远甚至在地面上，便于维护。

2. 风能利用效率方面

小型风力发电机组由于杆架高度限制和周围地貌引发的紊流，常常处于风向和风强变化剧烈的情况。相比于水平轴风力机，垂直轴风力机启动风速较小，不存在“对风损失”，理论风能利用率可达 40%以上。

3. 与环境的和谐方面

应用于城镇等人口密集地区的小型风力发电设备，对噪声和外观都有较高的要求。垂直轴风力机的低噪声和美观外形等多种优点是水平轴风力机难以比拟的，其风轮的尖速比远小于水平轴风轮，这样的低转速产生的气动噪声很小，甚至可以达到静音的效果。

1.3.3.2 国外小型垂直轴风力发电进展对国内厂商的启示

目前国产小型风力发电系统绝大多数为水平轴风力机，在垂直轴风力机技术创新和产品升级上缺乏重视和投入，导致垂直轴风力机缺乏技术含量和发展导向。

综合分析，国外先进的垂直轴风力发电技术的发展主要有如下启示：

(1) 样式多，百花齐放。从国外造型各异的风力机形式看，目前关于垂直轴风力机的研究仍处在摸索阶段，这对于国内厂商来说正是切入研究的最好时机，应及时吸收先进技术，探索适合我国国情的新的发展方式。

(2) 大力应用新技术。先进的曲面造型技术、磁悬浮技术、计算机仿真技术应用于小型垂直轴风力机领域，大大提高了风能利用率和环境适应能力。我国的大型风电设备受制于没有自主知识产权和国外相关专利技术不转让的窘境，因此应尽快在小型垂直轴风力发电这个还没有形成技术壁垒的领域抓紧开发，利在长远。

(3) 针对特定客户，打造个性产品。国外先进公司所设计的产品都针对特定环境和客户，例如前述的美国 Mag-Wind 公司就把美国普遍的小洋楼屋顶作为主要客户群来开发，芬兰 Windside 公司为野外工作人员提供恶劣气候条件下可靠的充电设备等。而国内大部分厂家生产的小型风力发电系统关于客户和应用环境的针对性就很模糊。

第2章　空气动力学原理及计算方法

垂直轴风力机设计伊始，必须对其气动性能作出准确的预报。其功率输出和载荷分布取决于来流风与风轮的交互作用。叶片优良的气动性能是风力发电机组获取风能的关键。风力机在运行过程中涉及复杂的空气流动问题，其空气动力学是风力机设计的关键问题，是机型改良、开拓创新的根本。因此，掌握空气动力学原理及计算方法非常重要。

本章主要介绍垂直轴风力机基本气动参数、叶素理论、动量理论、涡流模型、动态失速模型以及计算流体力学方法。

2.1 基本气动参数

2.1.1 风能利用率

风力机从自然风能中汲取的能量大小程度用风能利用系数 C_P 来表示。其中，横截面积为 S 的气流中包含的动能为

$$E=\frac{1}{2}\rho S v^3 \tag{2-1}$$

式中　ρ——空气密度，kg/m³，在标准大气压下其数值常取为 1.2255kg/m³；

S——旋转叶片在垂直于风向截面上的投影面积，m²；

v——风速，m/s。

通常在整个投影面积上风速的分布具有不均匀性，在实际的工作环境中需要考虑风剪切的影响。

如果风力机实际获取的功率为 P，那么风能利用系数表示为

$$C_P=\frac{P}{E}=\frac{P}{0.5\rho S v^3} \tag{2-2}$$

2.1.2 叶尖速比

为了表示风力机风轮旋转速度快慢，常采用叶片叶尖的圆周速度与风速的比值 λ 来衡量。对于水平轴风力机，叶尖圆周速度即为风轮最大半径处的圆周速度，对于垂直轴风力机而言，叶尖的圆周速度即为叶片距离转轴半径最大处的速度，通常称为赤道半径的圆周速度。其计算公式为

$$\lambda=\frac{2\pi R n}{v}=\frac{\omega R}{v} \tag{2-3}$$

式中　n——转动频率，Hz；

R——最大半径或赤道半径，m；

ω——风轮旋转角速度。

2.1.3　启动力矩

垂直轴风力机从静止到转动所需的最小力矩称为启动力矩。它是表征垂直轴风力机启动性能优劣的重要指标。

影响垂直轴风力机启动性能的因素很多，包括风力机的结构型式、风轮半径、翼型几何形状、叶片安装角和叶片数等。为了比较不同结构型式和几何尺寸的垂直轴风力机启动性能，可将启动力矩进行无量纲化处理得到启动力矩系数。

2.1.4　运行风速

风力机在工作状态下，其面临的风速分为三个阶段，即启动风速、工作风速和停机风速。

（1）启动风速。风力机启动时，为了克服其内部的摩擦阻力而需要一定力矩。这一最低力矩值称为风力机的启动力矩。启动力矩主要与风力机本身的转动机构摩擦阻力有关。与启动力矩对应的风速被称为启动风速，只有当风速大于启动风速时，风力机才能工作。

（2）工作风速。启动风速和停机风速之间的风速叫做风力机的工作风速，在工作风速区间，风力机有功率输出。当风力机的输出功率达到额定功率时所对应的工作风速叫做该风力机的额定风速。

（3）停机风速。当风速超过某一值时，基于安全考虑，风力机必须停止运转。这一临界风速被称为停机风速。停机风速与风力机的设计强度有关，每台风力机的铭牌上都应该标明。

2.1.5　叶片运动定义

图 2－1 为 Darrieus 型垂直轴风力机运动效果图。图中，将风轮底部轴中心设为原点 O，建立右手螺旋全局坐标系 $OXYZ$，其中，X 轴与来流风向一致，Z 轴与风轮高度方向一致。

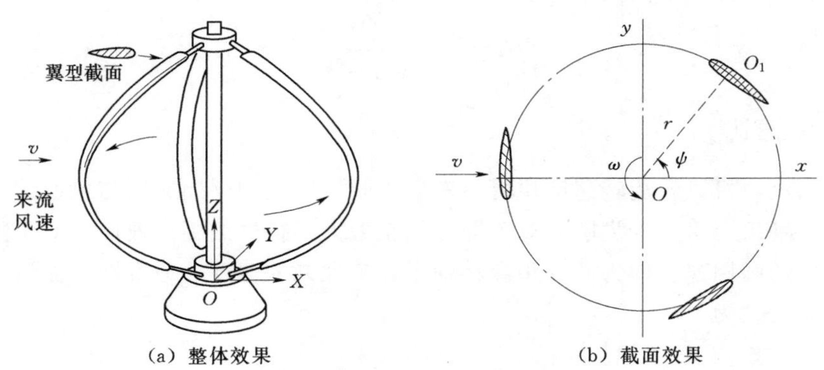

图 2－1　Darrieus 型垂直轴风力机运动效果图

取风轮任意高度处作横截面，得到图 2-1（b）所示截面运动效果图。当风力机启动并达到设计转速后，风轮将以恒定转速做圆周运动，设定角速度为 ω。叶片在圆周上的位置可通过方位角 ψ 来确定，即

$$\psi=\omega t \tag{2-4}$$

叶片安装位置点 O_1 在该坐标系中任意时刻点可表示为

$$\begin{cases} x_{O_1}=r\cos\psi \\ y_{O_1}=r\sin\psi \end{cases} \tag{2-5}$$

通过式（2-5），可确定叶片在任意时刻的运动位置。

2.2 叶 素 理 论

叶素理论的基本出发点是将叶片沿叶展方向分成若干微段，称为叶素。该理论将叶素视为一个二维翼型，并假设作用在每个叶素上的力互不干扰。将叶素作为研究对象，分析各个叶素上所受的力和力矩，然后沿叶片展向积分，即可求得整个叶片上所受的气动力。本节以 Φ 型 Darrieus 风力机为研究对象，分析叶素理论及其应用。叶素理论应用如图 2-2 所示。

取单位长度叶素，以叶素所处位置点 O_1 为坐标原点，建立叶素随动坐标系 O_1mnt，如图 2-2（a）所示。其中 O_1t 是切向坐标轴，沿叶素翼型由尾缘指向前缘为正方向。O_1m 为沿叶片展向的切向方向，其正方向由右手坐标系法则确定。叶片展向切线方向与竖直方向的夹角称为叶片的倾角，记为 $\delta\left(\delta\in\left[-\frac{\pi}{2},\frac{\pi}{2}\right]\right)$。

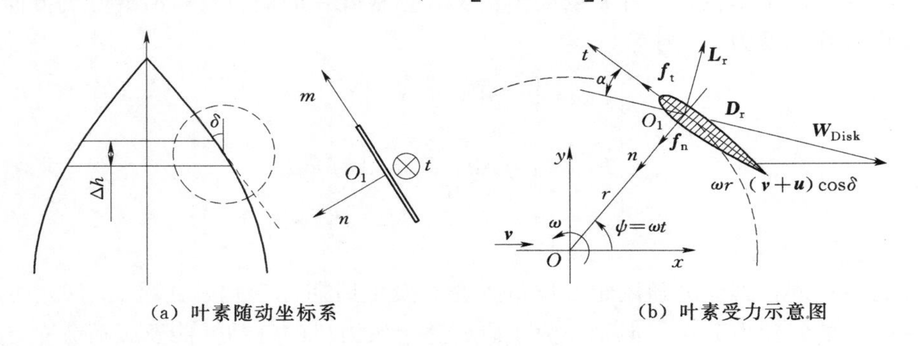

(a) 叶素随动坐标系　　(b) 叶素受力示意图

图 2-2　叶素理论应用

当风力机以恒定角速度 ω 运转时，在风轮任意高度 h 处作一截面，得到半径为 r 的旋转圆，叶素受力示意图如图 2-2（b）所示。首先以单个叶片运动为例，在来流风速 $\boldsymbol{v}$ 作用下，忽略垂直于风速方向（y 向）的诱导速度，仅考虑平行于风向（x 向）的诱导速度 $\boldsymbol{u}$，则旋转面上的合成速度为

$$\boldsymbol{W}_{\mathrm{Disk}}=\boldsymbol{\omega}\times\boldsymbol{r}+(\boldsymbol{v}+\boldsymbol{u})\cos\delta \tag{2-6}$$

将旋转面处速度记为

$$\boldsymbol{v}_{\mathrm{Disk}}=\boldsymbol{v}+\boldsymbol{u} \tag{2-7}$$

分析叶片受力，将式（2-7）沿叶素随动坐标系 O_1t 和 O_1n 轴方向分解，得到

$$\boldsymbol{W}_{\text{Disk}}\cos\alpha=\omega r+\boldsymbol{v}_{\text{Disk}}\cos\delta\sin\psi \tag{2-8}$$

$$\boldsymbol{W}_{\text{Disk}}\sin\alpha=\boldsymbol{v}_{\text{Disk}}\cos\delta\cos\psi \tag{2-9}$$

由式（2-8）、式（2-9）可得叶素的入射攻角和合成速度为

$$\tan\alpha=\frac{\boldsymbol{v}_{\text{Disk}}\cos\delta\cos\psi}{\omega r+\boldsymbol{v}_{\text{Disk}}\cos\delta\sin\psi} \tag{2-10}$$

$$\boldsymbol{W}_{\text{Disk}}^2=(\omega r+\boldsymbol{v}_{\text{Disk}}\cos\delta\sin\psi)^2+\boldsymbol{v}_{\text{Disk}}^2\cos^2\delta\cos^2\psi \tag{2-11}$$

叶素在运转过程中，受到由于气流作用生成的升力 $\boldsymbol{L}_{\text{r}}$ 和阻力 $\boldsymbol{D}_{\text{r}}$，如图 2-2（b）所示，将升力 $\boldsymbol{L}_{\text{r}}$ 和阻力 $\boldsymbol{D}_{\text{r}}$ 沿叶片切向和法向分解即可得到叶片的切向力 $\boldsymbol{f}_{\text{t}}$ 和法向力 $\boldsymbol{f}_{\text{n}}$，即

$$\begin{cases}\boldsymbol{f}_{\text{t}}=\boldsymbol{L}_{\text{r}}\sin\alpha-\boldsymbol{D}_{\text{r}}\cos\alpha\\ \boldsymbol{f}_{\text{n}}=-(\boldsymbol{L}_{\text{r}}\cos\alpha+\boldsymbol{D}_{\text{r}}\sin\alpha)\end{cases} \tag{2-12}$$

风力机风轮旋转时，实际只有叶片的切向力 $\boldsymbol{f}_{\text{t}}$ 对中心转轴产生转矩，故风力机的转矩可表示为

$$q=\boldsymbol{f}_{\text{t}}r=(\boldsymbol{L}_{\text{r}}\sin\alpha-\boldsymbol{D}_{\text{r}}\cos\alpha)r \tag{2-13}$$

在风轮截面坐标系 $Oxyz$ 中，将叶片的切向力 $\boldsymbol{f}_{\text{t}}$ 和法向力 $\boldsymbol{f}_{\text{n}}$ 沿平行于风向和垂直于风向分解可以得到叶素的推力 $\boldsymbol{f}_{\text{x}}$ 和侧向力 $\boldsymbol{f}_{\text{y}}$ 为

$$\boldsymbol{f}_{\text{x}}=-\boldsymbol{f}_{\text{t}}\sin\psi-\boldsymbol{f}_{\text{n}}\cos\delta\cos\psi \tag{2-14}$$

$$\boldsymbol{f}_{\text{y}}=\boldsymbol{f}_{\text{t}}\cos\psi-\boldsymbol{f}_{\text{n}}\cos\delta\sin\psi \tag{2-15}$$

以上各式给出了单位长度叶素的受力情况，整根叶片的受力只需沿着叶展方向积分即可得到。设叶片长度为 l，则有

$$\begin{cases}F_{\text{t}}=\int_0^l f_{\text{t}}\mathrm{d}l,\ F_{\text{n}}=\int_0^l f_{\text{n}}\mathrm{d}l\\ F_{\text{x}}=\int_0^l f_{\text{x}}\mathrm{d}l,\ F_{\text{y}}=\int_0^l f_{\text{y}}\mathrm{d}l\\ \overline{q}=\int_0^l q\mathrm{d}l\end{cases} \tag{2-16}$$

叶片旋转一周，其受力随风轮方位角改变而发生周期性变化，式（2-16）可以基本描述单根叶片的气动力分布。但是，为了研究整个风力机的气动性能及载荷分布，尚需要分析叶片旋转一周内的平均受力情况。

设风力机由 N 个叶片组成，则风轮的平均推力 $T_{\text{F}_{\text{x}}}$、$T_{\text{F}_{\text{y}}}$、平均转矩 Q 和平均功率 P 可表示为

$$\begin{cases}T_{\text{F}_{\text{x}}}=\dfrac{N}{2\pi}\displaystyle\int_{-\pi/2}^{3\pi/2}F_{\text{x}}\,\mathrm{d}\psi,T_{\text{F}_{\text{y}}}=\dfrac{N}{2\pi}\displaystyle\int_{-\pi/2}^{3\pi/2}F_{\text{y}}\,\mathrm{d}\psi\\ Q=\dfrac{N}{2\pi}\displaystyle\int_{-\pi/2}^{3\pi/2}\overline{q}\,\mathrm{d}\psi,P=\dfrac{N}{2\pi}\displaystyle\int_{-\pi/2}^{3\pi/2}\overline{q}\omega\,\mathrm{d}\psi\end{cases} \tag{2-17}$$

将上述物理量进行无量纲形式表述有利于分析叶片的运动状态及比较机型的优劣，式（2-17）的无因次化可表示为

$$\begin{cases} C_{T_{Fx}}=\dfrac{T_{F_x}}{0.5\rho v^2 S}, C_{T_{F_y}}=\dfrac{T_{F_y}}{0.5\rho v^2 S} \\ C_Q=\dfrac{Q}{0.5\rho v^2 S R_{EQ}}, C_P=\dfrac{P}{0.5\rho v^3 S} \end{cases} \tag{2-18}$$

式中　R_{EQ}——风轮赤道圆处的半径。

2.3 动 量 理 论

风力机动量理论的基本出发点是计算流经风轮旋转域的气流流速变化，推出由于空气气流的动量变化产生的叶片气动力。在数学形式上，可表示为气流流速变化乘以质量随时间的变化率。叶片气动力变化也可由叶片上平均气压力差异求得，因此伯努利方程被应用于下文阐述的流管理论中。

2.3.1 单流管模型

为计算叶片呈曲线分布的 Darrieus 风力机的气动性能，加拿大航空航天研究所（National Research Council-Institute for Aerospace Research，NRC-IAR）工程师 R. J. Templin 于 1974 年提出了基于动量定理的单盘面单流管模型。该模型将风力机的风轮简化为被一个流管包围的盘面，单流管模型示意如图 2-3 所示，假定盘面上叶片的诱导速度均匀分布，将所有叶片经过流管上游区域和下游区域的作用力合力作为该流管的外力，应用动量理论建立联系这一外力和流管内动量变化的方程式，从而求解诱导速度，然后推导风轮的气动性能。

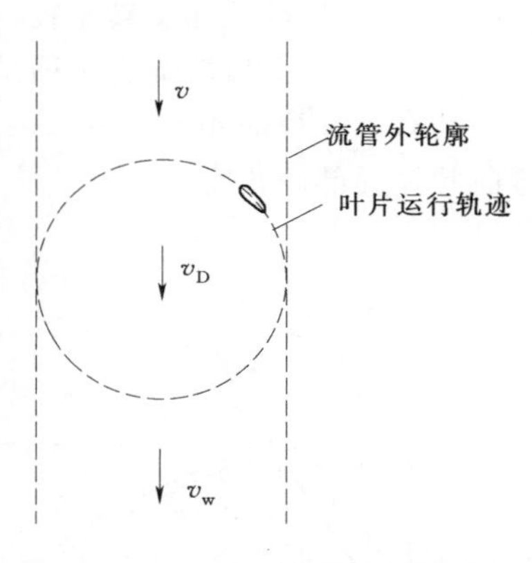

图 2-3　单流管模型示意图

单流管模型中引入了风轮形状参数，如叶片实度、径高比，风轮气动特性中的翼型升阻比被考虑其中，但是忽略了风剪切效应。

根据 Glauert 理论，通过风轮制动盘的速度 v_D 是来流风速 v 和尾流速度 v_w 的算术平均值，即

$$v_D=\frac{1}{2}(v+v_w) \tag{2-19}$$

风力机风轮的运行阻力 F_D 可表示为

$$F_D=2\rho S v_D(v-v_D) \tag{2-20}$$

基于动压和制动盘的面积，其阻力系数 C_{F_D} 为

$$C_{F_D}=\frac{F_D}{\frac{1}{2}\rho v_D^2 S} \tag{2-21}$$

将式（2-20）代入，可得

$$C_{F_D}=4\left(\frac{v}{v_D}-1\right) \tag{2-22}$$

基于环境动压，对于风轮整机结构的阻力系数，可表述为

$$C_D=\frac{F_D}{\frac{1}{2}\rho v^2 S}=C_{F_D}\left(\frac{v_D}{v}\right)^2=\frac{C_{F_D}}{\left(1+\frac{1}{4}C_{F_D}\right)^2} \tag{2-23}$$

对于 Φ 型 Darrieus 风力机，其叶片型线通常为 Troposkien 曲线，采用径高比（截面旋转直径与高度比值），其型线又呈现抛物线分布，可表示为

$$\frac{r}{R}=1-\left(\frac{z}{H}\right)^2 \tag{2-24}$$

式（2-24）可采用无因次形式表述，即

$$\eta=1-\xi^2 \tag{2-25}$$

其中

$$\eta=\frac{r}{R}$$
$$\xi=\frac{z}{H} \tag{2-26}$$

式中　r——局部截面旋转半径；

z——距离风轮赤道平面的高度。

具有三叶片的 Φ 型 Darrieus 风力机如图 2-4 所示。对式（2-24）进行微分，可得到弯曲叶片局部倾角为

$$\delta=\arctan\left(\frac{1}{2\xi}\right) \tag{2-27}$$

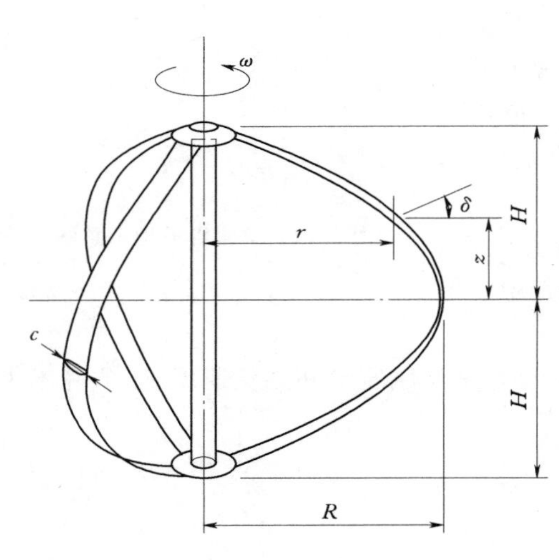

图 2-4　具有三叶片的 Φ 型 Darrieus 风力机

在单流管理论中，采用动量叶素理论进行风轮气动力计算时，需要确定叶素的局部气动攻角和局部相对动压。对叶素合成入射气流速度进行分解，可得上述两个参数的表达式为

$$\alpha=\arctan\left[\frac{\sin\psi\cos\delta}{\frac{r}{R}\frac{R\omega}{v_D}+\cos\psi}\right] \tag{2-28}$$

$$q_1=\frac{1}{2}\rho v_D^2\left[\left(\frac{r}{R}\frac{R\omega}{v_D}+\cos\psi\right)^2+\sin^2\psi\cos^2\delta\right] \tag{2-29}$$

假设风轮在迎风面的方位角 ψ 范围为0°～180°，顺风面范围为 180°～360°。在定常气流作用下，瞬时叶素的升力系数 C_L 和阻力系数 C_D 是关于攻角 α 的函数，法向力系数 C_N 和切向力系数 C_T 的计算公式为

$$C_N=C_L\cos\alpha+C_D\sin\alpha \tag{2-30}$$

$$C_T=C_L\sin\alpha-C_D\cos\alpha \tag{2-31}$$

弦长为 c 的叶素受到的法向微元力 dN 和前行推力 dT 可表述为

$$dN=\frac{C_N q_1 c}{\cos\delta}dz \tag{2-32}$$

$$dT=\frac{C_T q_1 c}{\cos\delta}dz \tag{2-33}$$

叶素的阻力可表示为

$$dF_D=dN\sin\psi\cos\delta-dT\cos\psi=q_1 c(C_N\sin\psi-C_T\frac{\cos\psi}{\cos\delta})dz \tag{2-34}$$

阻力的平均值可通过对风轮旋转一周（$0\leqslant\psi\leqslant 2\pi$）和在高度范围（$-H\leqslant z\leqslant H$）二次积分获得。具有 N 个叶片、弦长为 c 的 Φ 型 Darrieus 风力机总阻力为

$$F_D=\frac{Nc}{2\pi}\int_{-H}^{H}\int_{0}^{2\pi}q_1\left(C_N\sin\psi-C_T\frac{\cos\psi}{\cos\delta}\right)d\psi dz \tag{2-35}$$

对于 Φ 型 Darrieus 风力机，其旋转制动盘为对称分布，可沿风轮赤道面进行分割，取上半部分积分求解，结果乘以 2 倍。并且抛物线叶片旋转形成的制动盘有效面积约为 $S=\frac{8}{3}RH$，因此，制动盘的阻力系数可表述为

$$C_{F_D}=\frac{3}{4}\cdot\frac{1}{2\pi}\frac{Nc}{R}\int_{\xi=0}^{1}\int_{\psi=0}^{2\pi}\frac{q_1}{\frac{1}{2}\rho v_D^2}\left(C_N\sin\psi-C_T\frac{\cos\psi}{\cos\delta}\right)d\psi d\xi \tag{2-36}$$

风轮转矩仅由作用在叶素上的切向力分量产生，对于长度为 $dz/\cos\delta$ 的单个叶素，其转矩可表示为

$$dT=\frac{C_T q_1 rc}{\cos\delta}dz \tag{2-37}$$

风轮的扭矩随着叶片的方位角和高度变化而改变，对前述两个变量（ψ，z）进行积分并乘以叶片个数可得风轮总扭矩为

$$T_{total}=\frac{Nc}{2\pi}\int_{-H}^{H}\int_{0}^{2\pi}\frac{q_1 C_T r}{\cos\delta}d\psi dz \tag{2-38}$$

进而风力机的输出功率可表示为

$$P=\omega T_{total}=\frac{Nc\omega}{2\pi}\int_{-H}^{H}\int_{0}^{2\pi}\frac{q_1 C_T r}{\cos\delta}d\psi dz \tag{2-39}$$

2.3.2 多流管模型

多流管理论的空气动力学模型同样基于 Glauert 的叶素理论，它利用流动方向的动量方程为基本原理。假设有若干个流管穿过风轮，其中每个流管中流体速度不尽相同，它们对叶片产生的作用力也各不相同。图 2-5 为多流管模型示意图，图中选取多流管模型中一个流管穿过风轮，流管的横截面积为 $A_s=\Delta hr\Delta\psi\sin\psi$，其中 Δh 为流管垂直高度，$r\Delta\psi\sin\psi$ 为流管的宽度。假定流管的横截面积在穿过风轮时是恒定不变的，只有在流进风轮和流出风轮时才发生变化。设定流管中的绝对风速为 $v_s(z,\psi)$，它是风轮制动盘内高度和方位角的函数。

多流管动量模型相对于单流管模型计算结果更加精确，在一系列穿过风轮的流管中，每个流管的计算又是以单流管理论为基础，虽然多流管理论对于风轮整个流场的描述并不是很精确，但是它能够较好地描述叶片上的受力分布，不仅如此，还能够方便地引入风剪切效应的影响。

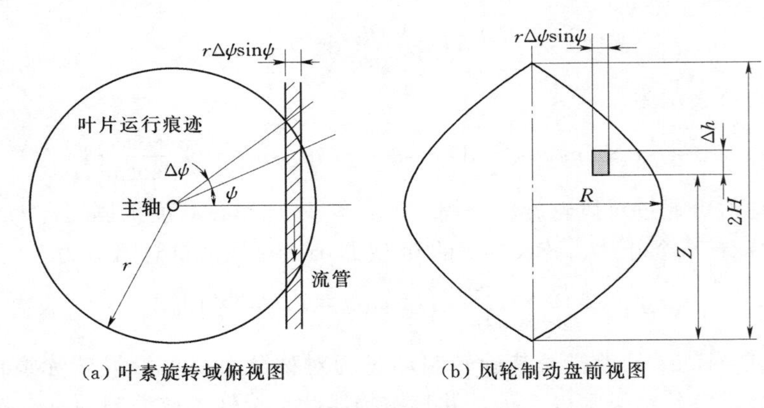

(a) 叶素旋转域俯视图　(b) 风轮制动盘前视图

图 2-5　多流管模型示意图

2.3.2.1　基本假设

(1) 流体为正压、不可压缩、无旋的定常流动。

(2) 各流管之间的流动互不干涉，彼此互相独立。

(3) 流动是稳定的。

(4) 流体的流动方向与风轮主轴的方向垂直。

2.3.2.2　单流管动量理论的引入

由于风轮的扰动，假设流管中产生的平均阻力为$\overline{F_x}$，流管中绝对风速为 v_s，流管的截面面积为 A_s，根据式 (2-20)，可表示为

$$\overline{F_x}=2\rho A_s v_s(v-v_s) \tag{2-40}$$

计算作用在叶片单元上的力，假设风轮有 N 个叶片，在旋转过程中，叶片单元通过流管时受到的气动力为 F_x，注意到每个叶片每旋转一周时在流管中所花费的时间份额是 $\Delta\psi/\pi$，因此，在流管中的平均气动力可表示为

$$\overline{F_x}=NF_x\frac{\Delta\psi}{\pi} \tag{2-41}$$

将式 (2-40) 和式 (2-41) 联立，可得

$$\frac{NF_x}{2\pi\rho r\Delta h\sin\psi v^2}=\frac{v_s}{v}\left(1-\frac{v_s}{v}\right) \tag{2-42}$$

为了简便描述叶片的作用力，式 (2-42) 左侧可以简化为 F_x^*，记

$$F_x^*=\frac{NF_x}{2\pi\rho r\Delta h\sin\psi v^2} \tag{2-43}$$

2.3.2.3　叶片受力分析

从式 (2-42) 中可以看出，单叶片上的气动力可通过求解流管中的风速与上游风速的比求出。该气动力沿着流管中气流反方向，可分解为沿着风轮转动方向的切向作用力 F_T 和垂直于该转动方向的法向作用力 F_N，叶素作

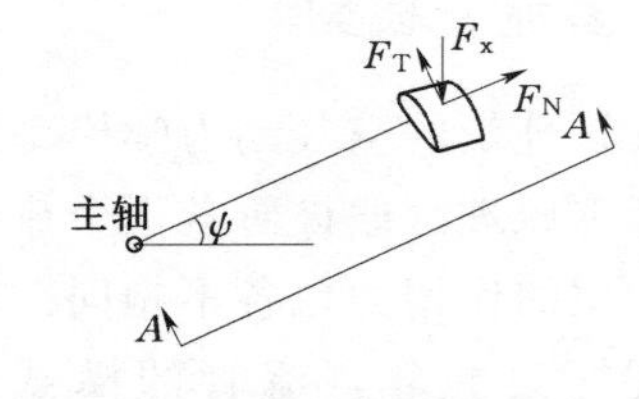

(a) 叶素旋转轨迹俯视图

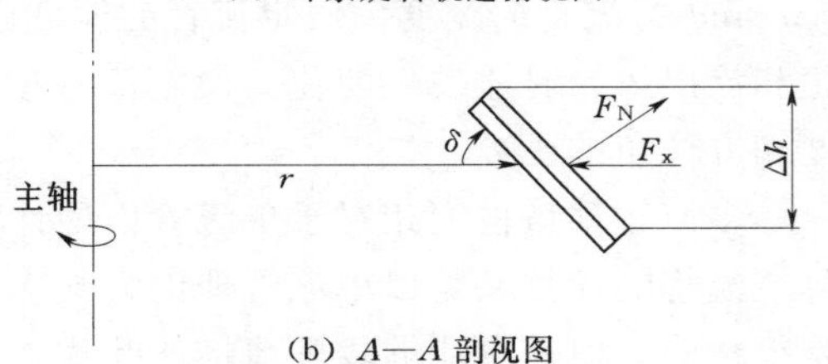

(b) A—A 剖视图

图 2-6　叶素作用力示意图

用力示意如图 2-6 所示，以及顺着翼展方向的力。当叶片单元对整个风轮产生扭矩时，顺翼展方向的力对其作用很小，并且对 F_x 的增量也小，因此可以将其省略。其中切向作用力的方向与弦长的方向是相同的，因此可通过求解 F_N 和 F_T 求出气动力 F_x。

$\boldsymbol{F}_N$ 和 $\boldsymbol{F}_T$ 两个力的分布以及其合力的向量关系可在图 2-6 中体现出来，其中合力 $\boldsymbol{F}_x$ 的方向与流管中气流方向一致，从而可得

$$\boldsymbol{F}_x = -(\boldsymbol{F}_N \sin\psi \sin\delta + \boldsymbol{F}_T \cos\psi) \tag{2-44}$$

由空气动力学基本理论，$\boldsymbol{F}_N$ 和 $\boldsymbol{F}_T$ 可表示成如下形式

$$\boldsymbol{F}_N = -\frac{1}{2} C_N \rho \frac{\Delta hc}{\sin\psi} \boldsymbol{v}_R^2, \boldsymbol{F}_T = \frac{1}{2} C_T \rho \frac{\Delta hc}{\sin\psi} \boldsymbol{v}_R^2 \tag{2-45}$$

式中 $\dfrac{\Delta hc}{\sin\psi}$——翼旋的平面面积；

$\boldsymbol{v}_R$——气流流向翼面的相对速度。

将式 (2-45) 中的两个方向风力用无量纲形式表示为

$$\boldsymbol{F}_N^+ = \frac{-\boldsymbol{F}_N \sin\psi}{1/2\rho\Delta hc \boldsymbol{v}_T^2} = C_N \left(\frac{\boldsymbol{v}_R}{\boldsymbol{v}_T}\right)^2, \boldsymbol{F}_T^+ = \frac{\boldsymbol{F}_T \sin\psi}{1/2\rho\Delta hc \boldsymbol{v}_T^2} = C_T \left(\frac{\boldsymbol{v}_R}{\boldsymbol{v}_T}\right)^2 \tag{2-46}$$

式中 $\boldsymbol{v}_T$——风轮赤道位置处最大叶尖速度。

关于升力、阻力系数 C_L、C_D 的公式为

$$\boldsymbol{F}_l = \frac{1}{2} C_L \rho \frac{\Delta hc}{\sin\psi} \boldsymbol{v}_R^2, \boldsymbol{F}_d = -\frac{1}{2} C_D \rho \frac{\Delta hc}{\sin\psi} \boldsymbol{v}_R^2 \tag{2-47}$$

结合式 (2-30)、式 (2-31)，可得到叶片叶素微元的气动力合力无量纲表达式为

$$\boldsymbol{F}_x^* = \frac{Nc}{4\pi r} \left(\frac{\boldsymbol{v}_R}{\boldsymbol{v}}\right)^2 \left(C_N - C_T \frac{\cos\psi}{\sin\psi \sin\delta}\right) \tag{2-48}$$

2.3.2.4 相对速度向量

攻角和翼型横截面上的相对速度关系可以通过图 2-7 叶素相对速度向量的关系得到，进而可以得到攻角的表达式为

$$\tan\alpha = \frac{\boldsymbol{v}_s \sin\psi \sin\delta}{\boldsymbol{v}_s \cos\psi + r\omega} \tag{2-49}$$

叶素翼型截面上的相对速度 $\boldsymbol{v}_R$ 可表示为

$$\boldsymbol{v}_R \sin\alpha = \boldsymbol{v}_s \sin\psi \sin\delta \tag{2-50}$$

2.3.2.5 迭代法求解动量方程

首先定义诱导因子 a 为

$$a = 1 - \frac{v_s}{v} \tag{2-51}$$

将式 (2-51) 与式 (2-42)、式 (2-43) 联立，得到气流流动方向上的动量方程为

$$a = F_x^* + a^2 \tag{2-52}$$

以式 (2-52) 为基础方程，通过迭代方法求解流管中的动量方程。F_x^* 为诱导因子 a 的函数，迭代求解该函数可近似求解 a，其中求解过程遵循以下程序，通过这种方法可以求出对于某一个流管中的近似气流流动情况。

(1) 假设诱导因子 a 为零，即 $v_s = v$。

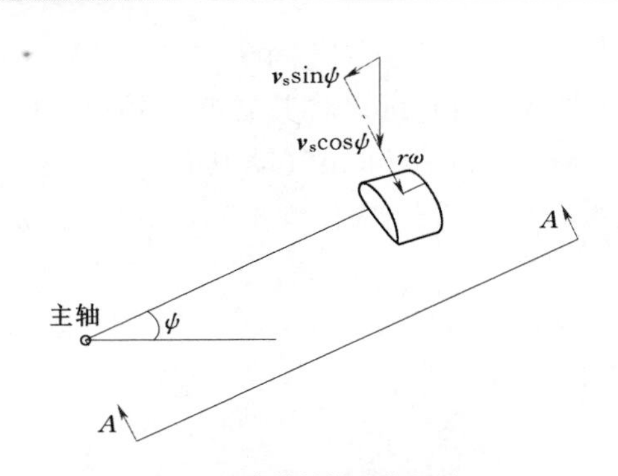

(a) 叶素旋转轨迹俯视图

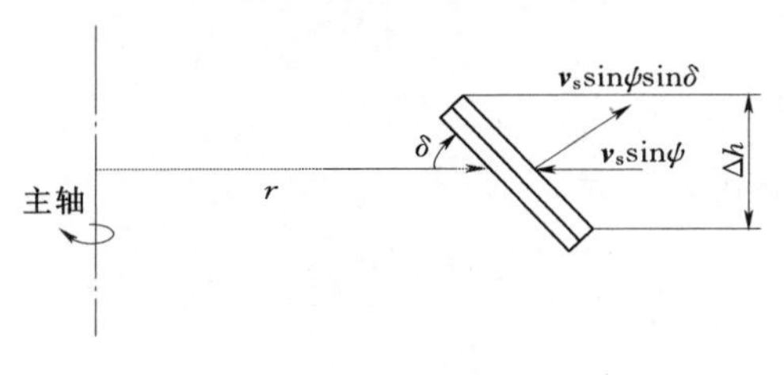

(b) A—A 剖视图

图 2 - 7　叶素相对速度向量

(2) 通过式 (2 - 49) 求出攻角 α。

(3) 通过叶片选用翼型的升、阻力系数 C_L、C_D 求出系数 C_N、C_T，其中翼型的升、阻力系数可通过试验或数据库获取。

(4) 通过式 (2 - 50) 求出相对速度 v_R。

(5) 通过式 (2 - 48) 求出 F_x^*。

(6) 利用所获得的 α、F_x^* 值代入式 (2 - 52) 右侧，即可获得新的诱导因子 a。

然后利用新的诱导因子 a 值，重复上述步骤，设定精度值 ε，当 $a_{N+1}-a_N<\varepsilon$ 时，停止迭代，这样就可获得各流管气动力结果。

2.3.2.6　风轮的功率系数

通过上述步骤，一旦求解出动量方程，当叶素穿过流管时所产生的扭矩便可以获得，即

$$T_S=\frac{1}{2}\rho rC_T\frac{c\Delta h}{\sin\delta}v_R^2 \tag{2-53}$$

为了求解给定方位角 ψ 时的叶片扭矩，必须将每个叶片所划分的叶素单元求解获得的 T_S 进行求和或积分。假设每个叶片被划分了 N_s 个叶素，每个叶素的长度可以通过前述表达式 $\Delta h/\sin\delta$ 来确定，同时也得出作用在这个叶素中心的扭矩值，这样便可以求得此时整根叶片上的扭矩，即

$$T_B=\sum_1^{N_s}T_S \tag{2-54}$$

为了求得整个风轮上的 N 个叶片作用在转轴上的扭矩，可以将整体扭矩 T_B 数值乘以 N，将叶片叶素旋转一周划分为 N_t 份，结合在方位角 ψ 上求得的扭矩 T_S，定义 $\Delta\psi=\pi/N_t$，便可以求出作用在整个风轮上的平均扭矩

$$\overline{T}=\frac{N}{N_t}\sum_1^{N_t}\sum_1^{N_s}T_S \tag{2-55}$$

每当风轮旋转一周时，作用在风轮上的平均功率即可求出，则风轮的功率系数表示为

$$C_P=\frac{\overline{T}\omega}{1/2\rho\sum_1^{N_s}2r\Delta hv^3}=\frac{\sum_1^{N_s}\sum_1^{N_t}\left[\frac{Nc}{2R\sin\delta}\frac{r\omega}{v}\left(\frac{v_R}{v}\right)^2C_t\right]}{N_t\sum_1^{N_s}\frac{r}{R}} \tag{2-56}$$

2.3.3　双制动盘多流管理论

1981 年美国国家航空航天局（National Aeronautics and Space Administration，NASA）工程师 Paraschivoiu Ⅰ为评估 Darrieus 风力机气动性能，提出了双制动盘多流管

理论。该理论将风轮旋转域均分为上风向和下风向串联的制动盘，旋转域内的诱导速度可在上、下风向两个区域内分别求出，双制动盘多流管模型如图 2-8 所示。穿过旋转平面的流场被分为若干流管，在流管边界上的压力变化对附近流管中的动量平衡微不足道，因此每个流管中的气动计算可视为相对独立的。

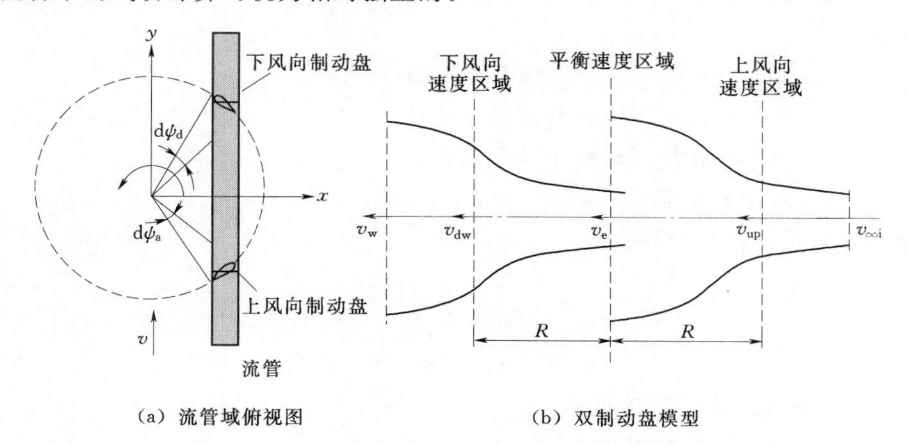

(a) 流管域俯视图　　(b) 双制动盘模型

图 2-8　双制动盘多流管模型

每个流管中上下风向的流体速度不一致，并且在高度方向上有着风速廓线分布规律，在双制动盘多流管模型中，忽略气流中的湍流和阵风效应，只考虑风速的平均效应，因此风速分布具有二维效应，垂直轴风力机风场效果如图 2-9 所示。风速廓线分布规律表示为

$$\frac{v_i}{v_e}=\left(\frac{Z_i}{Z_{EQ}}\right)^{\alpha_w} \tag{2-57}$$

式中　v_i——竖直方向局部自由来流风速；

v_e——赤道来流风速；

Z_i——竖直方向参考高度；

Z_{EQ}——风轮赤道圆位置高度；

α_w——风速廓线因子。

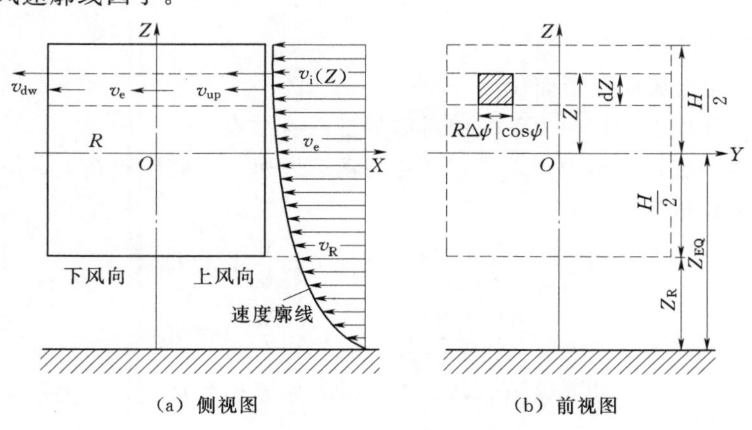

(a) 侧视图　　(b) 前视图

图 2-9　垂直轴风力机风场效果

流管中的气流速度受到上下制动盘的作用，假设制动盘1处于上风向，在该制动盘内叶片旋转角度范围为（$-\pi/2\leqslant\psi\leqslant\pi/2$）；制动盘2处于下风向，在该制动盘内叶片旋转角度范围为（$\pi/2\leqslant\psi\leqslant 3\pi/2$）。由于受到制动盘作用，流体速度沿流管逐渐减小，即下风向区域的气流诱导速度低于平衡速度区域的流速，而平衡速度区域流速低于上风向气流诱导速度，即

$$v_{\mathrm{w}}<v_{\mathrm{dw}}<v_{\mathrm{e}}<v_{\mathrm{up}}<v_{\mathrm{i}} \tag{2-58}$$

式中　v_{up}，v_{dw}——上风向、下风向气流诱导风速；

v_{e}——平衡速度区域内诱导风速；

v_{w}——尾流速度。

根据诱导关系，存在如下关系

$$v_{\mathrm{e}}=(2\mu-1)v_i \tag{2-59}$$

$$v_{\mathrm{dw}}=\mu' v_{\mathrm{e}}=\mu'(2\mu-1)v_{\mathrm{i}} \tag{2-60}$$

$$v_{\mathrm{w}}=(2\mu'-1)(2\mu-1)v_{\mathrm{i}} \tag{2-61}$$

式中　μ——上风向区域诱导因子；

μ'——下风向区域诱导因子。

根据风轮方位角定义，上风向的叶片叶素的合成入流速度W和局部攻角α可定义为

$$W^2=v_{\mathrm{up}}^2[(X-\sin\psi)^2+\cos^2\psi] \tag{2-62}$$

$$\alpha=\arcsin\left(\frac{\cos\psi}{\sqrt{[(X-\sin\psi)^2+\cos^2\psi]}}\right) \tag{2-63}$$

其中

$$X=\frac{r\omega}{v_{\mathrm{up}}}$$

而在下风向，叶素的合成入流速度W'和攻角α'由对应的局部坐标系中参数$X'=r\omega/v_{\mathrm{dw}}$和$v_{\mathrm{dw}}$代替。对于上风向区域，风轮的法向推力$F_{\mathrm{N}}$和切向力$F_{\mathrm{T}}$可表达为

$$F_{\mathrm{N}}=\frac{1}{2}\frac{cH}{S}\int_{-1}^{1}\left(\frac{W}{v_{\mathrm{e}}}\right)^2 C_{\mathrm{N}}\mathrm{d}\zeta \tag{2-64}$$

$$F_{\mathrm{T}}=\frac{1}{2}\frac{cH}{S}\int_{-1}^{1}\left(\frac{W}{v_{\mathrm{e}}}\right)^2 C_{\mathrm{T}}\mathrm{d}\zeta \tag{2-65}$$

式中　H——风轮的高度；

S——风轮沿风向投影面积。

在下风向，其推力和切向力系数由对应坐标系参数表示。

在双制动盘多流管模型中，未考虑叶片的动态失速，因此风轮在上、下风向区域内其平均转矩系数可表示为

$$C_{\mathrm{Qu}}=\frac{1}{2}\frac{NcH}{2\pi S}\int_{-\pi/2}^{\pi/2}\int_{-1}^{1}C_{\mathrm{T}}\left(\frac{W}{v_{\mathrm{e}}}\right)^2\mathrm{d}\zeta\mathrm{d}\psi \tag{2-66}$$

$$C_{\mathrm{Qd}}=\frac{1}{2}\frac{NcH}{2\pi S}\int_{\pi/2}^{3\pi/2}\int_{-1}^{1}C'_{\mathrm{T}}\left(\frac{W'}{v_{\mathrm{e}}}\right)^2\mathrm{d}\zeta\mathrm{d}\psi \tag{2-67}$$

而风轮旋转一周内，功率输出系数是上下游转矩系数的加权，可表示为

$$C_{\mathrm{P}}=(C_{\mathrm{Qu}}+C_{\mathrm{Qd}})\lambda_{\mathrm{EQ}} \tag{2-68}$$

式中　λ_{EQ}——风轮赤道半径位置的叶尖速比。

2.4 涡 流 模 型

在阐述涡流理论模型之前，需要将流体中漩涡进行描述。当流体绕任一轴线（直线或曲线）旋转，都会存在漩涡，这种涡的结构是涡切向速度大小与到切点中心的距离成反比。即涡中心的速度可以是无穷大，当然这种情况并不存在。涡核是由于刚性物体一起旋转的流体组成的。涡结构与积分路径如图 2-10 所示。

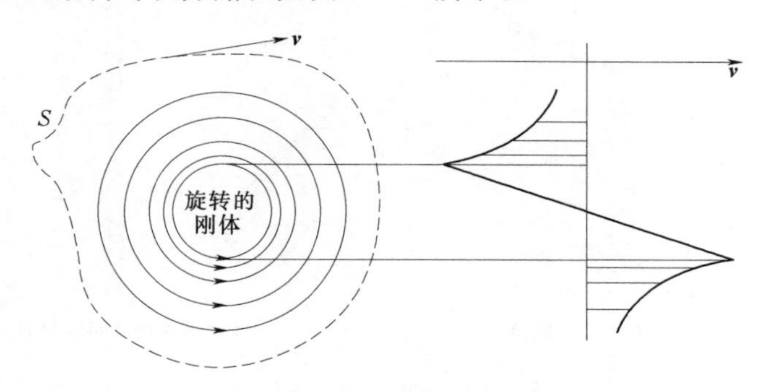

图 2-10 涡结构与积分路径

涡核的半径与流体流动情况有关，涡只能在黏性流体中存在，尽管涡对运动消耗能量，但是涡可以和流体运动一样自由运动。对于无黏流体，如果有涡存在，那么它不需要任何能量就可以保持其运动状态，并且在涡核处有无限大的切向速度。所以涡核在刚性体的边界处必须终止或者形成闭环。对于理想的二维流动，涡核被假设为在第三方向上是无限长度。

在涡理论中，最重要的量就是环量 Γ，环量的定义为速度沿一平面的边界 S 积分，即

$$\Gamma = \oint \boldsymbol{v} \cdot \mathrm{d}\boldsymbol{S} \tag{2-69}$$

式中 $\boldsymbol{v}$——沿着包围漩涡的闭合曲线 S 的速度向量。

相对于动量和质量守恒定理，涡理论基于开尔文定理，认为环量 Γ 对时间的导数为零，即

$$\frac{\mathrm{d}\Gamma}{\mathrm{d}t} = \frac{\Gamma_{\mathrm{airfoil}} + \Gamma_{\mathrm{wake}}}{\Delta t} = 0 \tag{2-70}$$

根据库塔-儒可夫斯基（Kutta-Joukowski）条件，流体在叶片上每一段产生的升力可由来流风速 v、流体密度 ρ 和环量 Γ 表示为

$$L = \rho v \Gamma \tag{2-71}$$

通常叶片翼型攻角变化会产生不同的升力，这就意味着，翼型周围环量也发生变化，为对环量进行补偿，另一个环量会在翼型尾流中生成，图 2-11 显示了翼型和其尾流中对应于某一瞬时升力 L 时的两个相对应的环量 $\Gamma_{\mathrm{airfoil}}$、$\Gamma_{\mathrm{wake}}$。环量会随着尾流向下延伸，并在一段距离后消失。

对于风力机叶片或有限长度机翼上的附着涡，它们不可能在叶片两端简单的终止，而以脱落的形式在两端延伸，理论上这个涡可以延伸至无穷远处，但是由于空气的黏性作

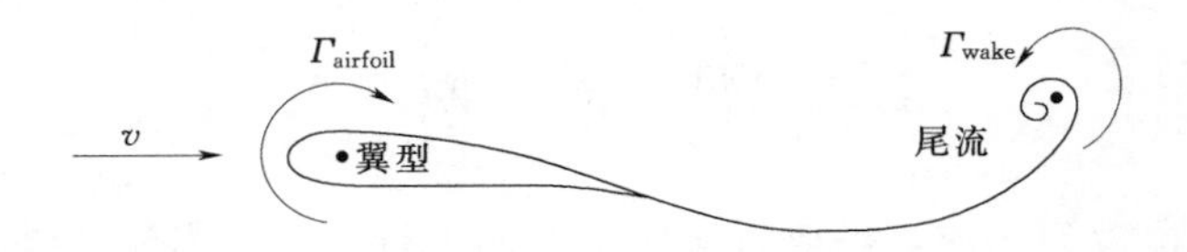

图 2-11 环量的组成

用，脱落的涡会在叶片后方一段距离处消失，叶片涡尾迹结构如图 2-12 所示。

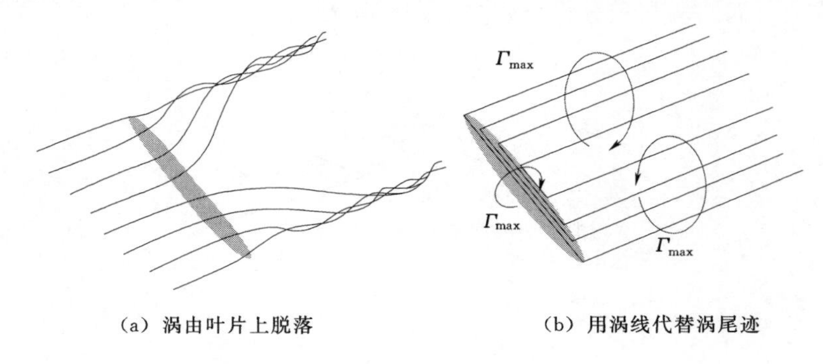

(a) 涡由叶片上脱落 (b) 用涡线代替涡尾迹

图 2-12 叶片涡尾迹结构

2.4.1 预定尾涡模型

涡方法最早被用于求解直升机空气动力学问题，但是先前的涡瞬态推进算法常存在收敛问题，之后稳定状态的涡尾迹方法被提出。该方法又被分为松弛尾迹法和预定尾迹法。

预定涡尾迹法是根据试验数据，先假定涡旋单元的位置，一旦尾迹结构预定，则可计算诱导速度沿着叶片的环量分布。直升机悬停状态的尾迹可视化试验奠定了采用预定涡尾迹法求解直升机悬停状态的气动问题基础。如图 2-13 所示为预定涡尾迹形状。

图 2-13 (a) 假设二维翼型运行路径，当翼型在 A 点和 B 点之间移动时，与来流气流平行，在这一路径上，翼型不产生升力。当翼型经过拐点 B 时，其运行方向与平行气流垂直，会同时生成升力 L 和环量 Γ_u。当运行至 C 点时，其运动方向在此发生变化，生成方向相反的脱落涡。图 2-13 (b) 为运行翼型的尾涡涡系分布示意图。当涡层向下游以恒定的速度 v_c 对流时，可得到

$$\begin{cases}\Gamma_u=\dfrac{v_c\gamma_u}{f}\\ \Gamma_D=-\dfrac{v_c\gamma_D}{f}\end{cases}\tag{2-72}$$

式中 Γ_u，Γ_D——附着涡环量；

γ_u，γ_D——涡层强度；

f——翼型运动的周频率。

将单流管动量方法引入，设定流管宽度非常小，即 $BC \ll AB$，对称分布的两半有限涡层 AB 和 CD，速度在上游的突变可表示为

$$v-v_u=\frac{\gamma_u}{2}=a_u v\tag{2-73}$$

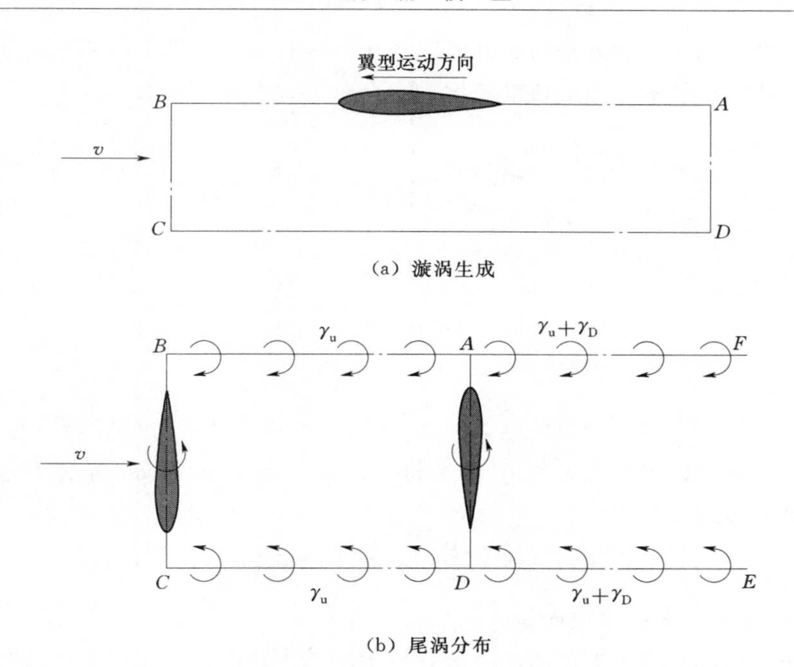

（a）漩涡生成

（b）尾涡分布

图 2-13 预定涡尾迹形状

式中 v_u——上游风速；

a_u——风力机尾流中上游位置处的诱导因子。

两半无限涡层（$\gamma_u+\gamma_D$），速度在下游突变可表示为

$$v-v_d=\frac{\gamma_u}{2}+\frac{\gamma_u+\gamma_D}{2}=a_D v \tag{2-74}$$

式中 v_d——下游风速；

a_D——风力机尾流中下游位置处的诱导因子。

在无限远处尾流中，由于两层强度为 $\gamma_u+\gamma_D$ 的涡层作用，速度突变可表示为

$$v-v_w=\gamma_u+\gamma_D=2av \tag{2-75}$$

可得到两个重要的关系式

$$a_D-a_u=a \tag{2-76}$$

$$\frac{a_D}{a_u}=2-\frac{\Gamma_D}{\Gamma_u} \tag{2-77}$$

利用动量理论可得到诱导因子 a，随后可利用预定涡理论确定上、下游诱导因子。

2.4.2 自由尾迹涡模型

垂直轴风力机自由尾迹涡模型将动叶片看作是由沿其展向一系列的片段组成，单叶素涡系如图 2-14 所示。翼型叶素用附着涡丝或升力线代替，涡丝及升力线可充分地表达距离翼型弦长一倍以外的流场。基于 Helmholtz 涡量理论，附着涡与每一尾缘尖涡的强度相同。

根据开尔文定律，展向脱落涡等于附着涡强度的变化。脱落涡系以当地流速自由对

流，而涡丝能够拉伸、平移及旋转，随时间变化。所有由涡丝产生的诱导速度与未扰动风速叠加便得到流场中任意一点的流动速度。

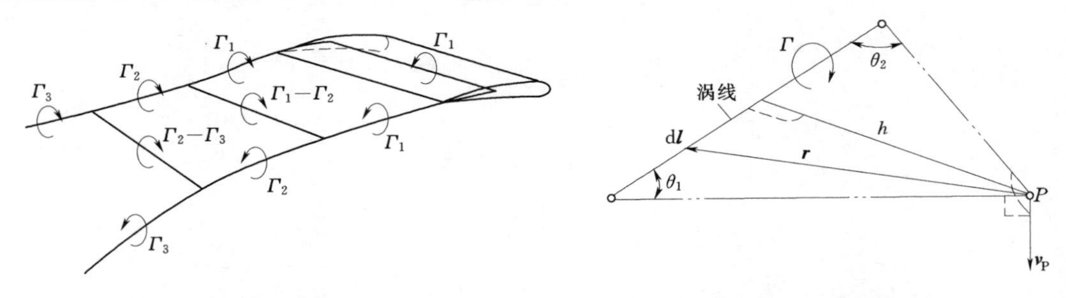

图 2 - 14　单叶素涡系　　　　图 2 - 15　涡丝上一点的诱导速度

如图 2 - 15 所示，当涡丝长度为 l、强度为 Γ 时，由 Biot-Savart 定律可得其对任意点 P 的诱导速度 $\boldsymbol{v}_{\mathrm{P}}$ 为

$$\boldsymbol{v}_{\mathrm{P}}=\boldsymbol{e}\frac{\Gamma}{4\pi h}(\cos\theta_1+\cos\theta_2) \tag{2-78}$$

式中　$\boldsymbol{e}$——$\boldsymbol{r}\times\boldsymbol{l}$ 方向上的单位向量。

采用翼型数据或者升力面的表示方法，可采用诱导速度确定作用于每段叶片上的升力和阻力。Kutta-Joukowski 定理给出了附着涡强度 Γ_{B} 与叶素展向单位长度上升力的关系。升力也可根据翼型截面升力系数 C_l 表示。采用这两种升力的表示方法，可确定特定叶片片段上附着涡强度与诱导速度的关系为

$$\Gamma_{\mathrm{B}}=\frac{1}{2}v_{\mathrm{r}}cC_l \tag{2-79}$$

式中　c——叶片弦长；
　　v_{r}——翼型截面的当地相对速度。

2.5　动态失速模型

风力机转子沿圆周轨迹转动时，翼型攻角快速发生变化，当风速增加，叶尖速比减小时，大量环流区向翼型表面下游移动，翼型的失速攻角将发生动态延迟，超过静态时的失速攻角，即翼型特性发生了失速延迟现象，称为“动态失速”。动态失速通常发生在低叶尖速比的情况，在给定风速下动态失速可以提高风轮转子的功率输出和转矩峰值，这些效果会很大地影响传动系统和发电机的尺寸以及系统的可靠度。同时，动态失速也可能引起结构疲劳，甚至失速颤振导致灾难性事故发生，并且在一些情况下也是限制风力机气动性能与结构性能的首要因素。

提出能够准确预测动态失速影响的模型是至关重要的。目前，由于实验数据的缺乏，对垂直轴风力机动态失速影响的研究不多，本节将简要介绍两个主要的动态失速模型：Gormont 模型和 Leishman-Beddoes 模型。

2.5.1　Gormont 模型

Gormont 模型是从直升机旋翼发展而来，该模型通过定义参考攻角 α_{ref} 经验性地模拟

翼型的动态失速，参考攻角 α_{ref} 不同于翼型的几何攻角，其具体表达式为

$$\alpha_{ref}=\alpha-K_1\Delta\alpha \tag{2-80}$$

$$K_1=\begin{cases}1 & \dot{\alpha}\geqslant 0\\ -0.5 & \dot{\alpha}<0\end{cases} \tag{2-81}$$

$$\Delta\alpha=\begin{cases}\gamma_1 S & S\leqslant S_C\\ \gamma_1 S_C+\gamma_2(S-S_C) & S>S_C\end{cases} \tag{2-82}$$

$$S=\sqrt{\left|\frac{c\dot{\alpha}}{2W}\right|} \tag{2-83}$$

$$S_C=0.06+1.5\left(0.06-\frac{t}{c}\right) \tag{2-84}$$

$$\gamma_1=\begin{cases}\gamma_2/2 & \text{用于升力特性}\\ 0 & \text{用于阻力特性}\end{cases} \tag{2-85}$$

$$\gamma_2=\gamma_{max}\max\left\{0,\min\left[1,\frac{M-M_2}{M_1-M_2}\right]\right\} \tag{2-86}$$

式中 M——马赫数；

$\dot{\alpha}$——α 对时间的导数；

t——翼型厚度；

c——弦长。

M_1、M_2 和 γ_{max} 的表达式见表 2-1。

表 2-1 M_1、M_2 和 γ_{max} 的表达式

参数	升力特性	阻力特性
M_1	$0.4+5.0[0.06-(t/c)]$	0.2
M_2	$0.9+2.5[0.06-(t/c)]$	$0.7+2.5[0.06-(t/c)]$
γ_{max}	$1.4-6.0[0.06-(t/c)]$	$1.0-2.5[0.06-(t/c)]$

最后可得动态升力系数和阻力系数为

$$C_L^{dyn}=C_L(\alpha_0)+m(\alpha-\alpha_0) \tag{2-87}$$

$$C_D^{dyn}=C_D(\alpha_{ref}) \tag{2-88}$$

$$m=\min\left[\frac{C_L(\alpha_{ref})-C_L(\alpha_0)}{\alpha_{ref}-\alpha_0},\frac{C_L(\alpha_{ss})-C_L(\alpha_0)}{\alpha_{ss}-\alpha_0}\right] \tag{2-89}$$

式中 α_0——零升力攻角；

α_{ss}——静态失速攻角；

C_L^{dyn}——动态升力系数；

C_D^{dyn}——动态阻力系数；

m——系数。

由于直升机机翼所达到的最大攻角远小于垂直轴风力机叶片所达到的最大攻角，所以一些学者认为 Gormont 模型过度预测了动态失速对垂直轴风力机的影响。为了避免过度预测，Massé 进行了修正，对 Gormont 模型中的动态升阻力系数和静态升阻力系数进行

线性插值，得到修正的升阻力系数为

$$C_L^{mod}=\begin{cases}C_L+\left(\dfrac{A_M\alpha_{ss}-\alpha}{A_M\alpha_{ss}-\alpha_{ss}}\right) & \alpha\leqslant A_M\alpha_{ss}\\ C_L & \alpha>A_M\alpha_{ss}\end{cases} \tag{2-90}$$

$$C_D^{mod}=\begin{cases}C_D+\left(\dfrac{A_M\alpha_{ss}-\alpha}{A_M\alpha_{ss}-\alpha_{ss}}\right)(C_D^{dyn}-C_D) & \alpha\leqslant A_M\alpha_{ss}\\ C_D & \alpha>A_M\alpha_{ss}\end{cases} \tag{2-91}$$

式中　A_M——经验常数，Massé 取为 1.8；

C_L^{mod}——修正升力系数；

C_D^{mod}——修正阻力系数。

后来 Berg 将 A_M 的值取为 6，发现修正后模型的结果与 Sandia17－m 垂直轴风力机的实验数据吻合很好。由 Massé 和 Berg 修正的 Gormont 模型因其简单性而被广泛使用。Strickland 和 Paraschivoiu 等人也曾先后对 Gormont 模型进行过相关改进，这里不再详述。

2.5.2　Leishman-Beddoes 模型

1983 年 Beddoes 提出了一个更复杂的可模拟附着流和分离流的动态失速模型，之后 Leishman 等人对其进行了修正，该模型相比于 Gormont 模型更加准确。

Leishman-Beddoes 模型包括三个部分：非定常附着流、失速发生和分离流。非定常附着流的求解包括循环载荷和冲击载荷，这些载荷来源于随时间变化的附着涡。环量法向力系数的表达式为

$$C_{N_n}^{C}=C_{N\alpha}\alpha_{E_n} \tag{2-92}$$

式中　$C_{N\alpha}$——某一雷诺数下静态法向力系数的变化斜率；

n——迭代次数。

α_{E_n} 是关于 α 的等式，即

$$\alpha_{E_n}=\alpha_n-X_n-Y_n-Z_n \tag{2-93}$$

式中　α——攻角；

X_n，Y_n，Z_n——亏损函数，根据经验且基于流体速度和俯仰角变化速率确定。

由式（2－88）、式（2－89）可以看出 Leishman-Beddoes 模型是一个迭代模型，在非定常附着流部分计算延时攻角的迭代公式为

$$\alpha_n'=\alpha_n-D_{\alpha_n} \tag{2-94}$$

其中

$$D_{\alpha_n}=D_{\alpha_{n-1}}\exp\left(-\frac{\Delta s}{T_a}\right)+(\alpha_n-\alpha_{n-1})\exp\left(-\frac{\Delta s}{2T_a}\right) \tag{2-95}$$

$$\Delta s=\frac{2v\Delta t}{c}$$

式中　D_{α_n}——亏损函数；

T_a——依据经验的时间常数（对于 NACA0015 翼型，$T_a=5.78$）；

Δs——无量纲的时间步；

v——来流风速；

c——弦长。

由于气流在边界层处逆转，翼型表面将形成前缘涡，通过使用临界攻角 α_{cr} 来表征动态失速的发生

$$\alpha_{cr_n}=\begin{cases}\alpha_{ds0} & |r_n|\geqslant r_0 \\ \alpha_{ss}+(\alpha_{ds0}-\alpha_{ss})\dfrac{|r_n|}{r_0} & |r_n|<r_0\end{cases} \tag{2-96}$$

式中 r_n——衰减俯仰角变化速率，$r_n=\dfrac{\dot{\alpha}_n c}{2v}$；

$\dot{\alpha}_n$——俯仰角变化速率；

α_{ss}——静态失速攻角；

α_{ds0}——临界失速攻角。

当 $n=0$ 时，通过求得临界衰减俯仰角变化速率 r_0 来界定准定常失速和动态失速的发生，动态失速的条件为

$$|\dot{\alpha}|>\alpha_{cr} \tag{2-97}$$

分离流的影响可以分为两个部分：尾缘处分离和前缘涡对流。尾缘处的分离和边界层分离点运动发生时间延迟有关，且通过 Kirchhoff 流可近似获得

$$f'_n=\begin{cases}1-0.4\exp\left(\dfrac{|\dot{\alpha}_n|-\alpha_1}{S_1}\right) & |\dot{\alpha}_n|<\alpha_1 \\ 0.02+0.58\exp\left(\dfrac{\alpha_1-|\dot{\alpha}_n|}{S_2}\right) & |\dot{\alpha}_n|\geqslant\alpha_1\end{cases} \tag{2-98}$$

式中 f'_n——延迟分离点；

α_1，S_1，S_2——基于翼型和当地雷诺数的常数。

围绕叶片本身的边界层具有时变性，并且这种影响还会在压力响应延迟上叠加，通过 a' 体现出来。这种附加的延迟通过动态分离点 f'' 体现出来，即

$$f''_n=f'_n-D_{f_n} \tag{2-99}$$

$$D_{f_n}=D_{f_{n-1}}\exp\left(-\frac{\Delta s}{T_f}\right)+(f'_n-f'_{n-1})\exp\left(-\frac{\Delta s}{2T_f}\right) \tag{2-100}$$

式中 D_{f_n}——亏损函数；

T_f——经验时间常数。

动态失速发生前非定常条件中的法向力系数可表示为

$$C^f_{N_n}=C_{N\alpha}\alpha_{E_n}\left(\frac{1+\sqrt{f''_n}}{2}\right)^2 \tag{2-101}$$

当失速条件满足后，翼型表面的前缘涡对流向尾缘发展，在该过程中，法向力将会有

一个较大幅度提升，即

$$C_N^v = B_1(f_n'' - f_n)v_x \tag{2-102}$$

式中　C_N^v——涡对流过程中的法向力系数（称为"涡升力"），依据俯仰角变化速率而定；

v_x，B_1——基于当地雷诺数和翼型的影响因子。

当涡通过尾缘后，法向力会急剧下降，则总的法向力系数可表示为

$$C_N = C_{N_n}^f + C_N^v \tag{2-103}$$

切向力系数可通过 Kirchhoff 流和使用动态分离点得到

$$C_T = \eta C_{Na}\alpha_E^2(\sqrt{f_n''} - E_0) \tag{2-104}$$

式中　η，E_0——经验常数（对于 NACA0015 而言，$\eta=1$，$E_0=0.25$）。

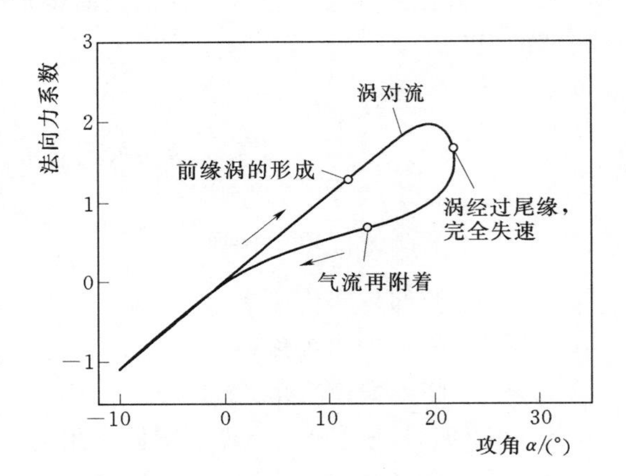

图 2-16　Leishman-Beddoes 模型计算的法向力系数随攻角变化示意图

图 2-16 为通过 Leishman-Beddoes 模型计算的法向力系数随攻角变化的结果。在图中，对于 NACA0015 而言，$\alpha=6+16\sin(\omega t)$，$k=0.1$，$M=0.1$，$c=0.5$m；$k$ 为衰减频率，M 为马赫数，c 为弦长。

2.6　计算流体力学

20 世纪 50 年代以来，随着计算机的发展产生了一个介于数学、流体力学和计算机之间的交叉学科——计算流体力学（Computational Fluid Dynamics，CFD），其主要研究内容是通过计算机和数值方法来求解流体力学的基本控制方程（连续性方程、动量方程和能量方程），从而实现对复杂边界条件的流体力学问题进行模拟，可得到流场中各位置处基本未知量（如速度、压力、涡量等）的分布，以及这些未知量随时间变化的情况。CFD 是除了理论分析、实验测量方法之外的又一种技术手段，它与理论流体力学、实验流体力学三者相互补充，共同构成流动、热交换等问题研究的完整体系。

2.6.1　基本控制方程

任何流动都服从三大定律，即质量守恒定律、牛顿第二定律、能量守恒定律，在数学上通常以积分或微分形式的偏微分方程描述，也就是基本控制方程，包括连续性方程、动量方程以及能量方程，基本控制方程如图 2-17 所示。计算流体力学就是将这些方程中的积分或微分用代数的形式来表示，进而得到方程在时间、空间点上的离散解。

控制方程可分为守恒形式和非守恒形式，在气动理论分析中，采用守恒形式或者非守恒形式控制方程无关紧要，控制方程可从一种形式转化成另一种形式。但是，在计算流体力学中采用守恒形式还是非守恒形式控制方程关系重大，原因在于 CFD 将本来连续的流

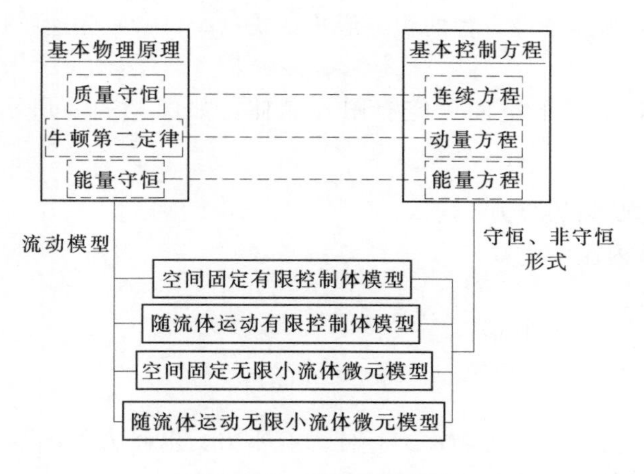

图 2-17　基本控制方程

场用一系列的离散点来代替，因此必须采用一定的离散格式及数值计算方法，而正是这些离散格式及计算方法对于控制方程形式的不同适应性，导致了并非任何形式的控制方程均适用于 CFD。

2.6.1.1　连续性方程

取流场中某任意形状的空间固定有限控制体，如图 2-18 所示，运用质量守恒定律，即单位时间内流进或流出表面 S 的流体质量等于控制体内质量改变速率。

$$\oiint_S \rho \boldsymbol{U} \cdot \mathrm{d}\boldsymbol{S} = -\frac{\partial}{\partial t}\iiint_V \rho \mathrm{d}V \qquad (2-105)$$

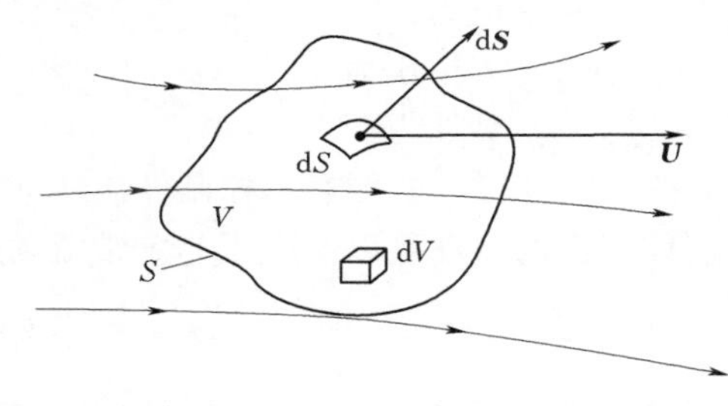

图 2-18　空间固定的有限控制体

式中　ρ——流体密度；

$\boldsymbol{U}$——流体速度向量；

$\boldsymbol{S}$——控制体表面积，$\boldsymbol{S}=\boldsymbol{n}S$，$\boldsymbol{n}$ 为表面单位法向向量；

V——控制体体积。

由于控制体是固定的，也就是积分限是固定的，所以式（2-105）可以进一步写成

$$\iiint_V \frac{\partial \rho}{\partial t}\mathrm{d}V + \oiint_S \rho \boldsymbol{U} \cdot \mathrm{d}\boldsymbol{S} = 0 \qquad (2-106)$$

采用高斯定理（又名散度定理）

$$\oiint_S (\rho \boldsymbol{U}) \cdot \mathrm{d}\boldsymbol{S} = \iiint_V \nabla \cdot (\rho \boldsymbol{U})\mathrm{d}V \qquad (2-107)$$

式中　∇——哈密顿算子。

将式（2-107）代入式（2-106）得

$$\iiint_V \left[\frac{\partial \rho}{\partial t} + \nabla \cdot (\rho \boldsymbol{U})\right]\mathrm{d}V = 0 \qquad (2-108)$$

由于该控制体是任意选取的，所以式（2-108）对任意的积分限都成立，由此可得

$$\frac{\partial \rho}{\partial t} + \nabla \cdot (\rho \boldsymbol{U}) = 0 \qquad (2-109)$$

式（2-108）即为连续性方程的积分形式，式（2-109）为连续性方程的微分形式。

2.6.1.2　动量方程

取流场中某任意形状的空间固定有限控制体，如图 2-18 所示，运用牛顿第二定律，即

$$\boldsymbol{F}=m\boldsymbol{a} \tag{2-110}$$

式中　$\boldsymbol{F}$——控制体受到的合力；

m——控制体内流体质量；

$\boldsymbol{a}$——加速度。

式（2-110）可进一步写成

$$\boldsymbol{F}=\frac{\mathrm{d}}{\mathrm{d}t}(m\boldsymbol{U}) \tag{2-111}$$

控制体受到的合力包括体力与面力，体力有重力、电磁力等，面力有压力、黏性引起的剪切力等，合力、体力与面力的表达式为

$$\boldsymbol{F}=\boldsymbol{F}_1+\boldsymbol{F}_2 \tag{2-112}$$

$$\boldsymbol{F}_1=\oiiint_V \rho\boldsymbol{f}\,\mathrm{d}V \tag{2-113}$$

式中　$\boldsymbol{F}_1$——体力；

$\boldsymbol{f}$——单位质量流体受到的合体力。

$$\boldsymbol{F}_2=-\oiint_S p\,\mathrm{d}\boldsymbol{S}+F_{\mathrm{viscous}} \tag{2-114}$$

式中　$\boldsymbol{F}_2$——面力；

p——流体压力；

F_{viscous}——黏性力。

式（2-111）右侧表示控制体流体动量对时间的改变速率，包括单位时间流进或流出控制体表面的净动量以及由于非定常流动引起的控制体在单位时间内的动量改变，即

$$\frac{\mathrm{d}}{\mathrm{d}t}(m\boldsymbol{U})=\oiint_S(\rho\boldsymbol{U}\cdot\mathrm{d}\boldsymbol{S})\boldsymbol{U}+\frac{\partial}{\partial t}\oiiint_V\rho\boldsymbol{U}\,\mathrm{d}V \tag{2-115}$$

根据式（2-111）～式（2-115），可得动量方程的积分形式，其表达式为

$$\frac{\partial}{\partial t}\oiiint_V\rho\boldsymbol{U}\,\mathrm{d}V+\oiint_S(\rho\boldsymbol{U}\cdot\mathrm{d}\boldsymbol{S})\boldsymbol{U}=-\oiint_S p\,\mathrm{d}S+\oiiint_V\rho\boldsymbol{f}\,\mathrm{d}V+F_{\mathrm{viscous}} \tag{2-116}$$

根据梯度理论，式（2-116）右侧的第一项可以表示为

$$-\oiint_S p\,\mathrm{d}S=-\oiiint_V \nabla p\,\mathrm{d}V \tag{2-117}$$

由于有限控制体是固定的，故积分限不变，式（2-116）可进一步写成

$$\oiiint_V\frac{\partial(\rho\boldsymbol{U})}{\partial t}\mathrm{d}V+\oiint_S(\rho\boldsymbol{U}\cdot\mathbf{d}\boldsymbol{S})\boldsymbol{U}=-\oiiint_V\nabla p\,\mathrm{d}V+\oiiint_V\rho\boldsymbol{f}\,\mathrm{d}V+F_{\mathrm{viscous}} \tag{2-118}$$

在笛卡尔直角坐标系中将 $\boldsymbol{U}$ 分解，即

$$\boldsymbol{U}=u\boldsymbol{i}+v\boldsymbol{j}+w\boldsymbol{k} \tag{2-119}$$

式（2-118）在 x 方向的分量形式为

$$\oiiint_V\frac{\partial(\rho u)}{\partial t}\mathrm{d}V+\oiint_S(\rho\boldsymbol{U}\cdot\mathrm{d}\boldsymbol{S})u=-\oiiint_V\frac{\partial p}{\partial x}\mathrm{d}V+\oiiint_V\rho f_x\mathrm{d}V+(F_x)_{\mathrm{viscous}} \tag{2-120}$$

利用高斯定理，式（2-120）左侧的面积分可表示为

$$\oiint_S (\rho \boldsymbol{U} \cdot \mathrm{d}\boldsymbol{S}) u = \oiint_S (\rho u \boldsymbol{U}) \cdot \mathrm{d}\boldsymbol{S} = \iiint_V \nabla \cdot (\rho u \boldsymbol{U}) \mathrm{d}V \tag{2-121}$$

将式（2-121）代入式（2-120）中，可得

$$\iiint_V \left[\frac{\partial(\rho u)}{\partial t} + \nabla \cdot (\rho u \boldsymbol{U}) \mathrm{d}V + \frac{\partial p}{\partial x} - \rho f_{\mathrm{x}} - (\Phi_{\mathrm{x}})_{\mathrm{viscous}} \right] \mathrm{d}V = 0 \tag{2-122}$$

式中 $(\Phi_{\mathrm{x}})_{\mathrm{viscous}}$——黏性力项。

由于有限控制体是任意选取的，故

$$\frac{\partial(\rho u)}{\partial t} + \nabla \cdot (\rho u \boldsymbol{U}) \mathrm{d}V + \frac{\partial p}{\partial x} - \rho f_{\mathrm{x}} - (\Phi_{\mathrm{x}})_{\mathrm{viscous}} = 0 \tag{2-123}$$

式（2-123）为动量方程 x 分量的微分形式，同理可得 y、z 分量的微分形式为

$$\frac{\partial(\rho v)}{\partial t} + \nabla \cdot (\rho v \boldsymbol{U}) \mathrm{d}V + \frac{\partial p}{\partial y} - \rho f_{\mathrm{y}} - (\Phi_{\mathrm{y}})_{\mathrm{viscous}} = 0 \tag{2-124}$$

$$\frac{\partial(\rho w)}{\partial t} + \nabla \cdot (\rho w \boldsymbol{U}) \mathrm{d}V + \frac{\partial p}{\partial z} - \rho f_{\mathrm{z}} - (\Phi_{\mathrm{z}})_{\mathrm{viscous}} = 0 \tag{2-125}$$

式（2-123）～式（2-125）又被称为纳维斯托克斯方程，即N-S方程。

2.6.1.3 能量方程

对于不可压缩流体，密度 ρ 是常数，主要的流场变量为压力 p 和速度 $\boldsymbol{U}$，前面推导的连续性方程与动量方程就是关于未知量 p 和 $\boldsymbol{U}$ 的方程。因此，对于不可压缩流动问题，连续性方程和动量方程足够描述流场流动特性。但是，对于可压缩流动问题，密度 ρ 也是变量，两个方程不能求解三个未知量，必须再引入一个方程来完善基本控制方程体系，这个方程就是能量方程。

取流场中某任意形状的空间固定有限控制体，如图2-18所示，运用能量守恒定律，即控制体内流体与周围环境热量的传递速率加上外部对控制体内流体的做功速率，等于流体流经控制体的能量改变速率，即

$$\dot{Q} + \dot{W} = \dot{E} \tag{2-126}$$

式中 $\dot{Q}$——控制体内流体与周围环境热量的传递速率；

$\dot{W}$——外部对控制体内流体的做功速率；

$\dot{E}$——流体流经控制体的能量改变速率。

式（2-126）各项具体表达式为

$$\dot{Q} = \iiint_V \dot{q} \rho \mathrm{d}V + \dot{Q}_{\mathrm{viscous}} \tag{2-127}$$

式中 $\dot{q}$——单位质量流体热量传输速率；

$\dot{Q}_{\mathrm{viscous}}$——黏性作用引起的热量传输项。

$$\dot{W} = -\oiint_S p \boldsymbol{U} \cdot \mathrm{d}\boldsymbol{S} + \iiint_V \rho (\boldsymbol{f} \cdot \boldsymbol{U}) \mathrm{d}V + \dot{W}_{\mathrm{viscous}} \tag{2-128}$$

式中 $\dot{W}_{\mathrm{viscous}}$——黏性力做功速率项。

$$\dot{E} = \frac{\partial}{\partial t} \iiint_V \rho \left(e + \frac{U^2}{2} \right) \mathrm{d}V + \oiint_S (\rho \boldsymbol{U} \cdot \mathrm{d}\boldsymbol{S}) \left(e + \frac{U^2}{2} \right) \tag{2-129}$$

式中　e——单位流体质量的内能。

将式（2-127）～式（2-129）代入式（2-126）得

$$\oiiint_V \dot{q}\rho \mathrm{d}V + \dot{Q}_{\text{viscous}} - \oiint_S p\boldsymbol{U}\cdot \mathrm{d}\boldsymbol{S} + \oiiint_V \rho(\boldsymbol{f}\cdot\boldsymbol{U})\mathrm{d}V + \dot{W}_{\text{viscous}} = \frac{\partial}{\partial t}\oiiint_V \rho\left(e+\frac{U^2}{2}\right)\mathrm{d}V + \oiint_S(\rho\boldsymbol{U}\cdot\mathrm{d}\boldsymbol{S})\left(e+\frac{U^2}{2}\right) \tag{2-130}$$

式（2-130）即为能量方程的积分形式，能量方程微分形式与连续性方程及动量方程微分形式的推导过程类似。由于控制体边界是固定的且是任意选取的，同时采用高斯定理可得

$$\frac{\partial}{\partial t}\left[\rho\left(e+\frac{U^2}{2}\right)\right]+\nabla\cdot\left[\rho\left(e+\frac{U^2}{2}\right)\boldsymbol{U}\right]=\rho\dot{q}-\nabla\cdot(p\boldsymbol{U})+\rho(\boldsymbol{f}\cdot\boldsymbol{U})+\dot{Q}_{\text{viscous}}+\dot{W}_{\text{viscous}} \tag{2-131}$$

其中，等号左侧为控制体中能量的增加率，等号右边第一项为流进或流出控制体的净热量，第二项、第三项分别为面力和体力对控制体做功的速率，最后两项为黏性项。

以上推导了连续性方程、动量方程以及能量方程的积分形式和微分形式，三大基本控制方程含有 4 个流场变量，分别为 ρ、p、$\boldsymbol{U}$ 与 e，方程组不封闭，因此必须再补充一个方程。本书主要讨论风力机流场计算，故流体可视为空气，假设气体为完全气体（理想气体），引入热力学状态方程，即

$$e=c_{\text{v}}T \tag{2-132}$$

式中　c_{v}——常数；

　　　T——温度。

由于增加未知量温度 T，故再引入式（2-133）

$$p=\rho RT \tag{2-133}$$

式中　R——气体常数。

2.6.2　湍流模型

湍流即非定常、无规律的流动，同时造成输运量（质量、动量、组分）随时间与空间位置波动，呈现出湍流漩涡以及物质、动量、能量的增强混合等效果，是非常复杂的流动现象。为了描述湍流流动，各种湍流模型相继被提出，根据湍流运动规律以寻找附加条件和关系式从而使方程封闭，促使了各种湍流模型的发展。

模型理论的思想可追溯到 100 多年前，为了求解雷诺应力使方程封闭，早期的处理方法是模仿黏性流体应力张量与变形率张量关联表达式，直接将脉动特征速度与平均运动场中速度联系起来。19 世纪后期，Boussinesq 提出用涡黏性系数的方法来模拟湍流流动，通过涡黏度将雷诺应力和平均流场联系起来，黏性系数的数值用实验方法确定。到第二次世界大战前，发展了一系列的半经验理论，包括得到广泛应用的普朗特混合长度理论，以及 G. I 泰勒涡量传递理论和 Karman 相似理论。其基本思想都是建立在对雷诺应力的模型假设上，使雷诺平均运动方程组得以封闭。1940 年，我国流体力学专家周培源教授在世界上首次推出了一般湍流的雷诺应力输运微分方程；1951 年西德的 Rotta 又发展了周培源先生的工作，提出了完整的雷诺应力模型。他们的工作现在被认为是以二阶封闭模型为

主的现代湍流模型理论的最早奠基工作。但因为当时计算机水平的落后，方程组实际求解还不可能。20 世纪 70 年代后，由于计算机技术的飞速发展，周培源等人的理论重新获得了生命力，湍流模型的研究得到迅速发展。

对于 CFD 而言，湍流一旦产生，如何去计算，是数值模拟的关键。目前，还没有一个统一的模型能够适应各种层流、湍流及过渡区域的计算。尽管如此，为了科学研究及工程应用的实际需要，仍需建立并完善相应的模型，用于精确描述各种特定情况下流体流动中涡团与湍流脉动等物理现象。

2.6.2.1 直接数值模拟

直接数值模拟（Direct Numerical Simulation，DNS）方法，即直接利用非定常的 N－S方程对湍流进行数值计算；无需对湍流流动作任何的简化或近似。这种方法能对湍流流动中最小尺度涡进行求解，要对高度复杂的湍流运动进行直接的数值计算，必须采用很小的时间与空间步长，才能分辨出湍流中详细的空间结构及变化剧烈的时间特性。因此，在数值模拟时需要占用巨大的硬件资源，目前尚无法应用于真正意义上的工程计算。

2.6.2.2 雷诺时均数值模拟

雷诺时均数值模拟（Reynolds-averaged Navier-Stokes，RANS）方法的基本思想基于雷诺假设，在湍流流动中，任何物理量均可描述为一个平均量和一个脉冲量的叠加。例如瞬时速度分量 $u(x,y,z,t)$可分解为平均速度$\overline{u}(x,y,z,t)$与脉动速度 $u'(x,y,z,t)$，即

$$u(x,y,z,t)=\overline{u}(x,y,z,t)+u'(x,y,z,t) \tag{2-134}$$

式（2－134）中物理量的分解方式称为雷诺分解。将雷诺分解式代入 N－S 方程，也就是将非定常的 N－S 方程作时间平均处理，并求解此平均化的 N－S 方程，从而获得流动参数的时均解，即湍流平均流场。

1. 零方程模式

该模式又称为代数涡黏性模式或混合长度模式，用于模化动量方程中雷诺剪切应力，无需额外求解偏微分方程，运算速度较快。然而，由于涡黏性假设以及混合长度假设的局限性，使得其对几何形状复杂的流动，以及存在分离与压力梯度的流动模拟效果较差。该模式常用的模型有 Cebeci-Smith（C-S）和 Baldwin-Lomax（B-L）。

2. 一方程模式

该模式在雷诺时均 N－S 方程基础上增加一个湍动能方程，从而使方程组封闭，故而又被称为能量方程模型。与零方程模式一样，该模式也假设了涡黏性系数的各向同性，其特征长度亦由经验参数确定。目前，应用较为成功的湍流模型为 Spalart－Allmaras（S－A）。

3. 两方程模式

该模式在目前工程应用中最为广泛，其本质上属于完全的湍流模型，通过求解两个完全独立的偏微分方程，然后再计算出湍流黏性系数。该模式同样基于涡黏性各向同性假设，但同时考虑了上游流动累计效应及湍流耗散效应。该模式常用的湍流模型为 Standard $k-\varepsilon$、RNG $k-\varepsilon$、realizable $k-\varepsilon$、Standard $k-\omega$ 以及 SST $k-\omega$。

4. 雷诺应力模式

雷诺应力模式的英文名称为 Reynolds Stress Model（RSM），与基于 Boussinesq 涡黏

性假设的湍流模型不同，RSM 直接针对时均 N－S 方程中的二阶脉动项建立相应的偏微分方程组。由于涉及湍动能 k、湍流耗散率 ε 以及六个雷诺应力项，因此需要额外增加多个方程，计算量明显大于两方程模型。

2.6.2.3　大涡模拟

由于基于时均 N－S 方程与湍流模型的流场计算方法仅适用于模拟小尺度涡的湍流流动，因此无法从根本上解决湍流问题。为了使针对湍流的求解更加准确，更能反映不同尺度的涡团运动，又发展出了大涡模拟（Large Eddy Simulation，LES）方法，它对计算机的容量和 CPU 的要求仍然很高，但是远远低于 DNS 方法对计算机的要求，因而近年来关于 LES 的研究与应用日趋广泛。

LES 的基本思想是湍流脉动与混合主要由大尺度涡产生，大尺度涡具备高度各向异性，而且随流动情形而异；大尺度涡通过相互作用把能量传递给小尺度涡，而小尺度涡主要起到耗散能量的作用。因此，LES 对 N－S 方程在物理空间进行过滤，大尺度涡采用非定常的 N－S 方程直接模拟，但不计算小尺度涡；小涡对大涡的影响通过近似模拟来考虑，即亚网格尺度（Subgrid Scale，SGS）湍流模型，或称亚格子湍流模型，主要包括四种：Smagorinsky-Lilly、Dynamic Smagorinsky-Lilly、Wall-adapting Local Eddy-viscosity、Dynamic Kinetic Energy Transport。

对于高雷诺数壁面边界流动的计算，LES 在求解近壁面区域时比较耗时。因此，采用另一种策略，即在近壁面区域使用 RANS，如此可以降低对网格的要求，该方法被称为分离涡模拟（Detached Eddy Simulation，DES）。显然，DES 是 LES 与 RANS 的混合模型，对于高雷诺数的外部空气动力流动的数值模拟，DES 是 LES 的有效替代。

2.6.3　定解条件

定解条件是指在求解某一具体问题时，为使得所使用的基本控制方程以及湍流模型中的方程具有确定解，必须给定的一系列条件。这些条件分为初始条件和边界条件。

2.6.3.1　初始条件

初始条件是指在进行迭代计算之前，计算域中所有网格点上相关物理量的初值，即计算开始时的流动条件。

对于非定常计算，初始条件一般根据所考虑的具体问题给定。对于定常计算，则需要以某种初始条件出发，通过伪时间迭代，以收敛到定常解。

初始条件不能任意设定，主要原因有：①合理的初始条件会使得迭代次数大大减少，从而提高计算效率；②不合理的初始条件会导致负压力和负密度，使计算发散。通常以来流条件作为计算域中所有网格点上的初始条件。

2.6.3.2　边界条件

边界条件是指为了获得物理空间问题的定解，必须给定的计算域边界上的相关参数值，由于具体物理问题的复杂性与多样性，CFD 中亦对应多种具体的边界条件。

1. 进口边界条件

（1）速度进口边界条件。要求给定计算域进口的速度，既可以是合速度大小与方向，亦可是各速度分量，适用于不可压流动。对于可压缩流动则不适用，因为该边界条件会使

得进口总压或总温产生一定程度的波动。

(2) 压力进口边界条件。要求给定计算域进口的总压、总温、流动方向等。通常用于进口流量或流速未知的流动，可压与不可压流动均可适用。

(3) 质量流量进口边界条件。要求给定计算域进口的质量流量，可压与不可压问题均可使用。但为了调节流速以达到给定的流量，进口局部总压会产生变化，从而使得收敛速度变慢。因此，对于可压缩流动，如果压力进口边界条件与质量流量进口边界条件均适用，应当优先选择压力进口边界条件。对于不可压流动，由于密度为常数，应尽量选择速度进口边界条件。

2. 出口边界条件

(1) 压力出口边界条件。要求给定计算域出口静压。仅适用于亚声速流动，可处理出口有回流问题。如果当地速度超过声速，该边界条件在计算中不宜采用，而是根据计算域内部流动计算的结果给定，同时压力、速度、温度等则根据计算域内部流动的计算值外插得到。

(2) 自由出流边界条件。计算域出口无需给定任何参数，出口处所有变量的扩散通量为零，所有变量值由上游计算得出，并对上游无影响。

3. 压力远场边界条件

一般针对外流问题，模拟无穷远处的自由流动条件，要求给定计算无穷远处自由流的静压、马赫数以及温度。对于超声速流动，远场边界可取得比较接近，而对于低马赫数流动，远场边界必须取得足够远。

4. 固壁边界条件

可应用于真实固壁及伪固壁，流体不能穿透，即至少在该边界上法向速度为零。对于黏性流动问题，可采用滑移条件，即该边界上的流体切向速度与固壁速度不相等或不为零，如欧拉滑移条件。

5. 对称边界条件

无需给定任何参数，但需指定合理的对称边界，分为轴对称与平面对称。适用于计算域和几何形状对称的物理问题，对称边界如图 2-19 所示。对称轴或对称平面上无流通量及扩散通量，因此法向速度为零，所有变量的法向梯度亦为零。

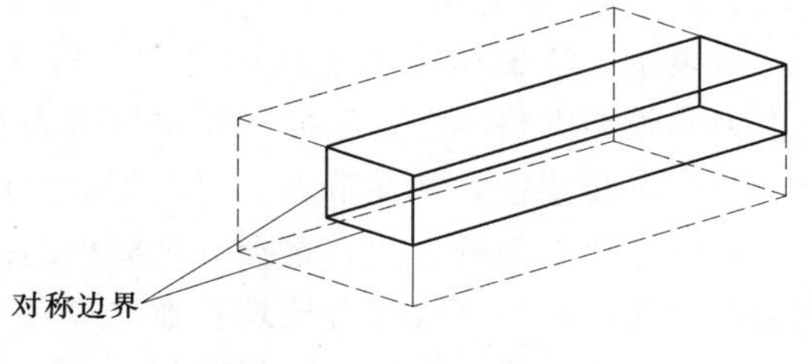

图 2-19 对称边界

6. 周期性边界条件

无需给定任何参数，但须指定合理的周期性边界，分为周期性旋转边界与周期性平动边界。适用于计算域为周期性运动的物理问题，周期性边界如图 2-20 所示。对于周期性旋转，边界上必须无压降，即 $\Delta p=0$；对于周期性平动，则允许存在有限压降。

2.6.4 数值离散方法

数值离散方法是指将控制方程进行离散化处理的方法，即用数值离散表达式代替控制方程中出现的偏导数，从而生成一个大型代数方程组，在给定定解条件的基础上，便可实

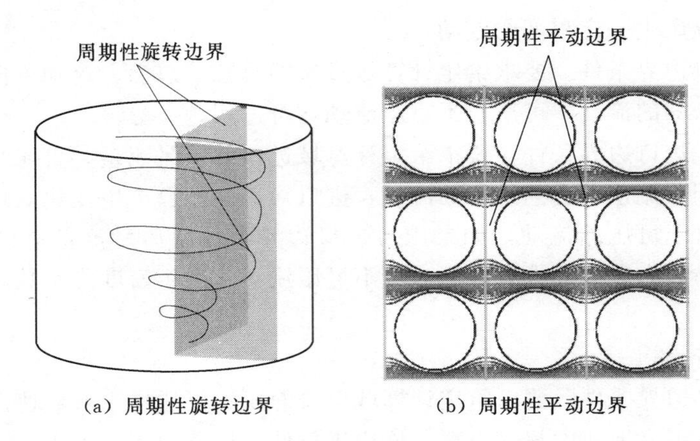

(a) 周期性旋转边界　(b) 周期性平动边界

图 2-20　周期性边界

现代数方程组的求解。CFD 中所使用的数值离散方法主要有有限差分法、有限单元法、有限体积法以及面元法。

2.6.4.1　有限差分法

有限差分法是 CFD 最早采用的数值离散方法，至今仍被广泛应用。有限差分法求解流动控制方程的基本过程是：首先将求解区域划分为差分网格，用有限个网格点代替连续的求解域，将待求解的流动变量（如密度、速度等）存储在各网格点上，并将偏微分方程中的微分项用相应的差商代替，从而将偏微分方程转化为代数形式的差分方程，得到含有离散点上的有限个未知变量的差分方程组。求解差分方程组，就得到了网格点上流动变量的数值解。

2.6.4.2　有限单元法

有限单元法最早应用于结构力学，后来逐步应用到 CFD。有限单元法的基本思想，是在力学模型上将一个连续的物体离散成为有限个具有一定大小的单元，这些单元仅在有限个节点上相连接，并在节点上引进等效力以代替实际作用于单元上的外力。对于每个单元，根据分块近似的思想，选择一种简单的函数来表示单元内位移的分布规律，并按弹性理论中的能量原理（或变分原理）建立单元节点力和节点位移之间的关系。最后，把所有单元的这种关系式集合起来，就得到一组以节点位移为未知量的代数方程组，解方程组就可以求出物体上有限个离散节点上的位移。

2.6.4.3　有限体积法

有限体积法又称为有限容积法，根据物理量守恒这一基本要求，以守恒型的方程为出发点，通过对流体运动的有限子区域的积分离散来构造离散方程。有限体积法有两种导出方式：①控制容积积分法；②控制容积平衡法。所导出的离散化方程，都描述了有限各控制容积物理量的守恒性，所以有限体积法是守恒定律的一种最自然的表现形式。该方法适用于任意类型的单元网格，便于应用模拟具有复杂边界形状区域的流体运动；只要单元边上相邻单元估计的通量是一致的，就能保证方法的守恒性；有限体积法各项近似都含有明确的物理意义；同时，它可以吸收有限元分割近似的思想以及有限差分方法的思想来发展高精度算法。由于物理概念清晰，容易编程，有限体积法成为了工程界最流行的数值计算

手段。

2.6.4.4 面元法

面元法基本原理是将物体表面等特征面进行离散，生成网格后对每个网格用一个平面或曲面代替原来的物面，称为面元。在该面元上布置流动的奇点如源、涡、偶极子及其组合，从而进行求解气动问题。

2.6.5 常用的CFD计算软件

为进行流场计算，以往多是各自编写计算程序，但是由于研究问题的物理背景不同，各种程序往往缺乏通用性、普适性，且编写程序本身需要耗费大量的时间与精力，人们不能够把注意力全部投放在解决物理问题本身上，因此CFD商业软件应运而生。

CFD软件早在1970年后就在美国诞生，但在国内真正得到应用则是在最近几年。目前，CFD已成为解决各种流体流动与传热问题的强有力工具，成功应用于能源动力、石油化工、汽车设计、建筑暖通、航空航天及电子散热等各种领域。目前，比较流行的CFD计算软件有FLUENT、CFX、PHOENICS、STAR-CD、FIDAP、FloEFD等。

2.6.5.1 FLUENT

FLUENT是由美国FLUENT公司于1983年推出的CFD软件，目前已被ANSYS公司收购。FLUENT是目前国际上比较流行的商用CFD软件包，在美国的市场占有率为60%，凡是和流体、热传递和化学反应等有关的工业均可使用。它具有丰富的物理模型、先进的数值方法和强大的前后处理功能，在航空航天、汽车设计、石油天然气和涡轮机设计等方面都有着广泛的应用。

2.6.5.2 CFX

CFX是全球第一个通过ISO9001质量认证的大型商业CFD软件，是英国AEA Technology公司首先为解决其在科技咨询服务中遇到的工业实际问题而开发，并于1986年开始作为商业软件向全球发售，目前已经成为主流的CFD软件之一。CFX一直将精确的计算结果、丰富的物理模型、强大的用户扩展性作为其发展的基本要求，并以其在这些方面的卓越成就，引领着CFD技术的不断发展。目前，CFX已经遍及航空航天、旋转机械、能源、石油化工、机械制造、汽车、生物技术、水处理、火灾安全、冶金、环保等领域，为其在全球6000多个用户解决了大量的实际问题。

2.6.5.3 PHOENICS

PHOENICS软件是英国CHAM公司开发的模拟传热、流动、化学反应、燃烧过程的通用CFD软件，已经有30多年的历史，是世界上第一套计算流体力学与计算传热学的商用软件，其名称是Parabolic Hyperbolic or Elliptic Numerical Integration Code Series的缩写。PHOENICS提供了直角坐标系、柱坐标系和局部坐标系三套坐标系统，可用于求解一维、二维及三维空间的可压缩或不可压缩、单相或多相的稳态或瞬态流动。

2.6.5.4 STAR-CD

STAR-CD是美国Computational Dynamics公司开发出来的全球第一个采用完全非结构化网格生成技术和有限体积方法来研究工业领域中复杂流动的流体分析商用软件包。STAR-CD独特的全自动六面体/四面体非结构化网格技术，满足了用户对复杂网格处理的需求，因此它首先在汽车/内燃机领域获得了成功，并迅速扩展到航空、航天、核工程、电力、电子、石油、化工、造船、家用电器、铁路、水利、建筑、环境等几乎所有重要的工业和研究领域，在全世界拥有数千用户。

2.6.5.5　FIDAP

FIDAP 软件是英国 Fluid Dynamics International（FDI）公司开发的计算流体力学与数值传热学软件。FIDAP 是基于有限元方法和完全非结构化网格的通用 CFD 软件，具有内含丰富的物理模型和高效的求解方法，适合解决从不可压缩到可压缩范围内的复杂流动问题。FIDAP 具有强大的流固耦合功能，可以分析由流动引起的结构响应问题，是唯一能够提供完整流固耦合功能的专用 CFD 软件。除此以外，FIDAP 软件还适合模拟动边界、自由表面、相变、电磁效应等复杂流动问题。FIDAP 的典型应用领域包括汽车、化工、聚合物处理、薄膜涂层、玻璃应用、半导体晶体生长、生物医学、冶金、环境工程、食品、玻璃处理和其他相关的领域。

2.6.5.6　FloEFD

FloEFD 是 Flomerics 公司开发的流动与传热分析软件，是唯一无缝嵌入 CAD 环境的流体/传热分析软件。FloEFD 完全支持直接导入 Pro/E、Catia、Solidworks、Siemens-NX、Inventor 等所有主流三维 CAD 模型，并可以导入 Parasolid、IGES、STEP、ASIC、VDAFS、WRML、STL、IDF、DXF、DWG 等格式的模型文件。FloEFD 的分析步骤包括 CAD 模型建立、自动网格划分、边界条件施加、求解和后处理等都完全在 CAD 软件界面下完成，整个过程快速高效。FloEFD 直接应用 CAD 实体模型，自动判定流体区域，自动进行网格划分，无需对流体区域再建模。在做 CAD 结构优化分析时，先对一个 CAD 模型进行一次 FloEFD 分析定义，同类结构（装配）的 CAD 模型只需应用独有的项目克隆（Project Clone）技术，即可进行不同装配下的 FloEFD 计算，从而快速优化设计方案。

2.6.6　流场网格划分技术

CFD 的基本思想是把在时间和空间上连续的物理量场（例如速度场、压力场、温度场等），用一系列离散点上的变量值集合代替。网格划分便是定义这一系列离散点坐标的技术方法。网格生成工作约占整个数值计算周期的 80%～95%，生成一套高质量的网格将显著提高计算精度和收敛速度。

2.6.6.1　几何模型

在进行流场数值模拟时，首先建立几何模型。针对垂直轴风力机流场分析，需建立垂直轴风力机模型、旋转域以及流场模型。根据所研究问题，可分为二维几何模型和三维几何模型，亦可在此基础上做出相应的简化。

但是，目前几乎所有的 CFD 软件包中的前处理模块在几何模型处理方面都并不很强大。因此，对于复杂的几何模型，有效的处理方式是利用第三方图形处理软件进行实体建模，如 AutoCAD、ProE、UG、CATIA 等。这些图形软件均具备不同图形格式输出接口，基本可以满足不同 CFD 软件包的图形文件格式要求。

2.6.6.2 流场网格划分

网格主要分为结构化网格和非结构化网格。结构化网格的生成需要耗费技术人员大量精力，但是对计算机而言，求解时计算量小，能够较好地控制网格生成质量，同时保证边界层网格尺寸满足特定要求，计算时更容易达到收敛；非结构化网格对模型的自适应性好，技术人员工作量小，但是计算机计算量大，对计算机要求高，网格质量不好控制，边界层网格尺寸难以满足特定要求。

1. 结构化网格生成方法

（1）代数方法生成网格。代数生成方法是通过利用已知边界值插值获得计算网格的方法。插值法由于使用方便，对简单区域能够获得较好的网格，对于复杂区域能够预置网格，即作为使用偏微分方程生成网格的初始条件。代数法又分为无限插值法、多面法、双边界法及边界规范化法。

（2）偏微分方程方法生成网格。微分方程法是一类经典方法，利用微分方程的解析性质，如调和函数的光顺性，变换中的正交不变性等，进行物理空间到计算空间的坐标变换，生成的网格比代数网格光滑、合理，适用性强。偏微分方程法包括椭圆型方程法、双曲线方程法、抛物型方程法，其中椭圆形方程法应用最为广泛。

2. 非结构化网格生成方法

结构化网格不能解决任意形状和任意联通区域的网格划分，针对这一问题，20 世纪 60 年代后提出了非结构化网格手段。非结构化网格对几何模型的适应性好，可以对复杂区域划分网格。非结构化网格生成方法主要包括以下三种。

（1）四叉树（二维）/八叉树（三维）方法。该方法的基本思想是先用一个较粗的矩形（二维）/立方体（三维）网格覆盖包含物体的整个计算域，然后按照网格尺度的要求不断细分矩形（立方体），即将一个矩形分为四（八）个子矩形（立方体），最后将各矩形（立方体）划分为三角形（四面体）。四叉树/八叉树方法是直接将矩形/立方体划分为三角形/四面体，由于不涉及邻近点面的查询，以及邻近单元间的相交性和相容性判断问题，所以网格生成速度很快。不足之处是网格质量较差，特别是在流场边界附近，被切割的矩形/立方体可能千奇百怪，由此划分的三角形/四面体网格质量也很难保证。尽管如此，四叉树/八叉树作为一种数据结构已被广泛应用于 Delaunay 法和阵面推进法中，以提高查询效率。

（2）Delaunay 方法。Delaunay 三角化的依据是 Dirichlet 在 1950 年提出的一种利用已知点集将已知平面划分为凸多边形的理论。该理论的基本思想是，假设平面内存在点集，则能将此平面域划分为互不重合的 Dirichlet 子域。每个 Dirichlet 子域内包含点集内的一个点，而且对应于该域的包含点，即构成唯一的 Delaunay 三角形网格。将上述 Dirichlet 的思想简化为 Delaunay 准则，即每个三角形的外接圆内不存在除自身三个角点外的其他点。进而给出划分三角形的简化方法：给定一个人工构造的简单初始三角形网格系，引入一个新点，标记并删除初始网格系中不满足 Delaunay 准则的三角形单元，形成一个多边形空洞，连接新点与多边形的顶点构成新的 Delaunay 网格系。重复上述过程，直至达到预期的分布。

（3）阵面推进法。阵面推进法的基本思想是首先将流场边界划分为小的阵元，构成初始阵面，然后选定某一阵面，组成新的阵面，这样阵面不断向流场中推进，直至整个流场被非结构化网格覆盖。

2.6.6.3　常用的网格划分软件

网格生成占了整个数值计算周期的绝大部分，理想的网格可显著提高计算精度和收敛速度。目前，已有多种网格生成软件，比较成熟的有ICEM、GAMBIT、Gridgen、GridPro等。

1. ICEM

ANSYS ICEM CFD作为一款强大的前处理软件，不仅可以为世界上几乎所有主流CFD软件（如FLUENT、CFX、STAR-CD、STAR-CCM+）提供高质量网格，还可用于完成多种CAE软件（ANSYS、Nastran、Abaqus等）的前处理工作。ICEM具有友好的操作界面、丰富的几何接口、完善的几何功能、灵活的拓扑创建、先进的O型网格技术、丰富的求解器接口等优势，越来越被业内人士所认可。

2. GAMBIT

GAMBIT是FLUENT公司推出的一款面向CFD的前处理器软件，其主要功能包括几何建模和网格生成。GAMBIT可以生成FLUENT5、FLUENT4.5、FIDAP、POLYFLOW等求解器所需要的网格。GAMBIT软件将功能强大的几何建模能力和灵活易用的网格生成技术集成在一起，大大减少建立几何模型和划分网格所需要的时间。

3. Gridgen

Gridgen是Pointwise公司下的旗舰产品。Gridgen是专业的网格生成器，被工程师和科学家用于生成CFD网格和其他计算分析。它可以生成高精度的网格以使得分析结果更加准确。同时它还可以分析并不完美的CAD模型，且不需要人工清理模型。Gridgen可以生成多块结构网格、非结构网格和混合网格，可以引进CAD的输出文件作为网格生成基础。生成的网格可以输出十几种常用商业流体软件的数据格式，直接让商业流体软件使用。

4. GridPro

GridPro是美国PDC公司专为NASA开发的高质量网格生成软件，是目前世界上最先进的网格生成软件之一。它可以为航天、航空、汽车、医药、化工等领域研究的CFD分析提供最佳网格处理解决方案。它能够快速而精确地分析所有复杂几何型体，并生成高质量的网格，为任何细部结构提供精确的网格划分。GridPro能够自动生成正交性极好的网格结果，网格质量大大高于其他网格系统。网格精度的提高可使CFD分析的准确性有很大提高。

第3章　垂直轴风力机气动特性

垂直轴风力机的关键气动特性主要包括风力机启动性能、动态尾流效应、动态失速效应、附加质量效应和翼型弯度效应五个方面，对其关键气动特性的研究将有助于更加准确地预测垂直轴风力机的气动性能，同时为风力机结构型式的优化与改进提供依据。

本章结合相关研究的计算结果介绍垂直轴风力机气动性能计算中的几个关键问题。

3.1　启　动　性　能

作为升力型垂直轴风力机的代表，Darrieus风力机风能利用系数可达0.4以上，在许多国家具有一定市场，是水平轴风力机的主要竞争对手。但Darrieus风力机因静止转矩为零，因此不能自行启动，需要靠外力将风力机提升到一定转速后，或在较高的风速下才能启动。这里基于CFD方法对直线型叶片的Darrieus风力机启动性能进行研究。

3.1.1　几何模型与网格划分

垂直轴风力机基本结构如图3-1所示，忽略风力机中支撑杆的气动阻力作用，重点考虑叶片和转轴对风力机整体气动性能的影响，简化后风力机计算模型如图3-2所示。

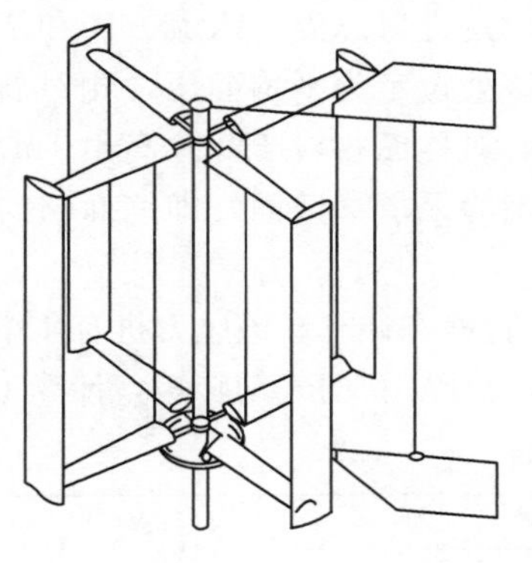

图3-1　垂直轴风力机基本结构

图3-2　简化后风力机计算模型

风力机采用的叶片翼型为DU91 _ W _ 250，叶片设计参数见表3-1。风力机三维模型由UG NX绘制而成，并导入有限元前处理软件ICEM中进行进一步网格划分。

表3-1　叶片设计参数

弦长/mm	相对厚度/%	旋转半径/mm	叶片数	叶片长度/mm	设定攻角/(°)	塔筒半径/mm
400	25	1500	4	3000	5	75

运用 ICEM CFD 软件对全尺寸叶片和转轴以及整个计算域按结构所在位置“分块”并采用六面体单元进行网格划分，计算域网格划分如图 3－3 所示。为了体现边界层黏性流动特征，对附面层网格进行了加密处理，选取的第一层网格的厚度大约为 0.2mm，叶片周边网格划分如图 3－4 所示。整个计算域网格节点数约 124 万个。

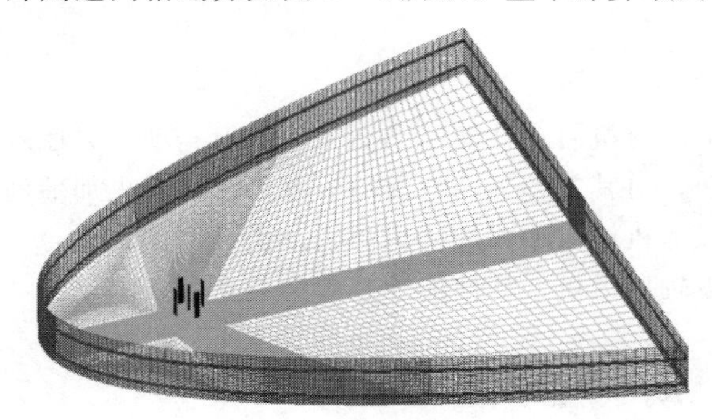
图 3－3　计算域网格划分

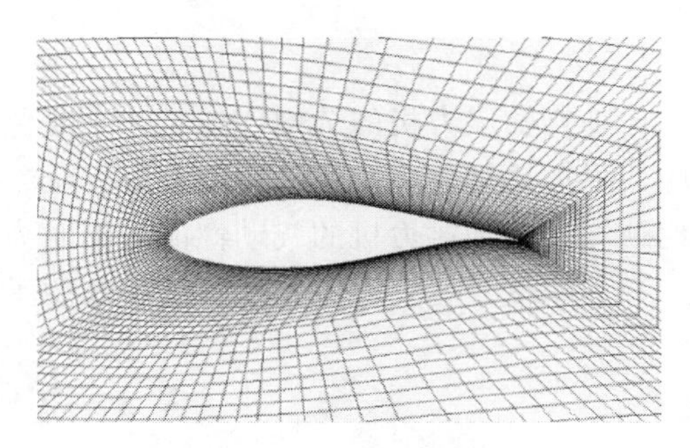
图 3－4　叶片周边网格划分

3.1.2　湍流模型

湍流模型选用 SST $k-\varepsilon$ 模型，该模型的优点是在低雷诺数时对壁面区有更好的精度和稳定性。它在近壁面使用 $k-\omega$ 模型，在边界层外部使用 $k-\varepsilon$ 模型，在边界层混合使用这两种模型，并根据一个混合加权函数大小进行加权平均。

3.1.3　定解条件设置

将垂直轴风力机完整流场网格导入 CFD 计算软件 CFX 中。进行边界条件设定如下：

（1）入口。圆头边界为速度入口，在该处设定进口总温、入流方向和湍流强度。

（2）出口。计算域右边平面为压力出口，该处设定为平均静压，相对静压强为 0。

（3）对称面。计算域上下表面为对称界面，对称面相对于叶片高出 1m。

（4）壁面。叶片和主轴表面为壁面，并设定为无滑移壁面，即壁面切向速度与法向速度都为 0。

这里研究垂直轴风力机启动转矩，故只需进行静态计算。该风力机有 4 个叶片，计算工况为在一个转动周期内，每个叶片在 90°圆周角内每隔 10°的气动转矩，计算工况见表 3－2。

表 3－2　计　算　工　况

工况	入流角/(°)	风速/(m·s^{-1})	工况	入流角/(°)	风速/(m·s^{-1})
1	0	10	6	50	10
2	10	10	7	60	10
3	20	10	8	70	10
4	30	10	9	80	10
5	40	10			

3.1.4　计算结果与分析

监测叶片各工况中的转矩变化，直至收敛。图 3－5 为 10°入流角下流场风速分布图。

其中，1 号叶片的静止状态下牵引力最大，为 48.30N；3 号叶片牵引力最小，为 4.24N；2 号和 4 号叶片牵引力分别为 7.57N、7.56N。迎风叶片背后存在较强的湍流区，处于湍流区的叶片不能发挥最佳气动特性。

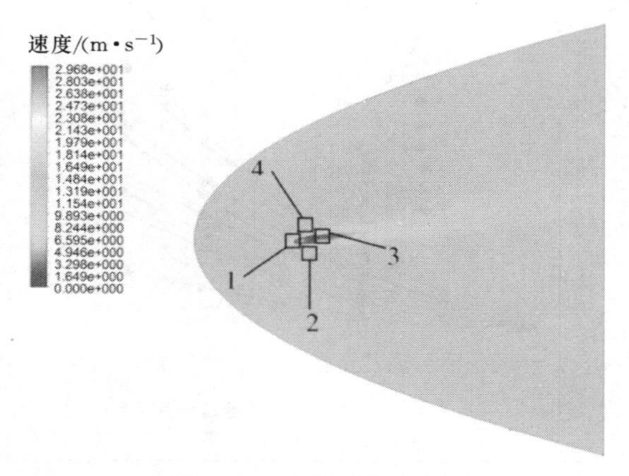

图 3-5　流场风速分布图

1～4—叶片序号

图 3-6（a）为叶片周边流线分布正视图，由图可见上游迎风叶片叶尖处有漩涡生成并向叶片中部转移。漩涡在中部膨胀，与下游叶片交织在一起。尾流结构改变了下游叶片迎风角和迎风速度等特性。该特性变化可由图 3-6（b）叶片周围流线分布俯视图看出，图中叶片梢部和主轴的存在都影响气流流线的变化。

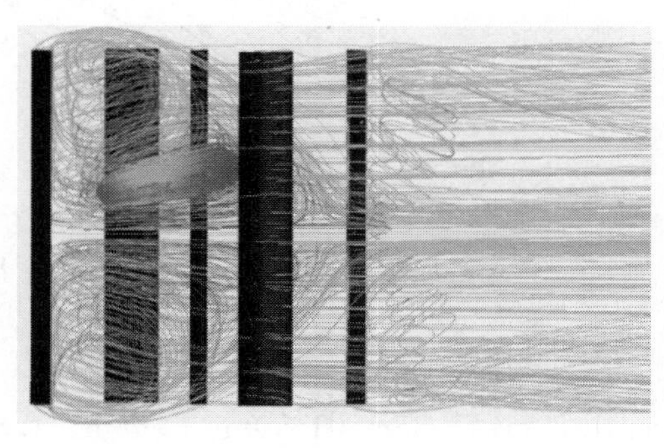

(a) 正视图

(b) 俯视图

图 3-6　叶片周边流线分布

图 3-7 为叶片启动转矩与入流角关系，由图可见，叶片启动转矩随入流角即叶片初始方位角变化而变化，当入流角为 30°左右时风力机启动转矩最大，为 142.98N·m。即每个叶片都不处于上游叶片尾流区内时，风力机可产生最大的启动转矩。

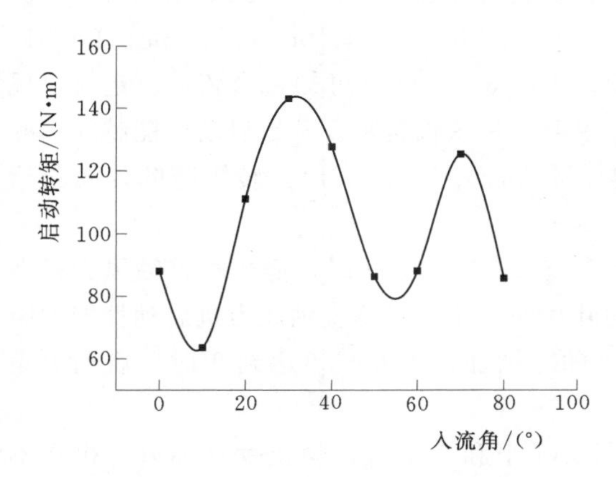

图 3-7　叶片启动转矩与入流角关系

图 3-8 为不同安装半径、不同弦长、不同叶片安装角度和不同叶片数目启动力矩对比图。这 4 幅图有一个共同点，即当安装半径、弦长、叶片安装角度和叶片数目都一定时，风轮的静态启动力矩都随着风速的增加而增大。

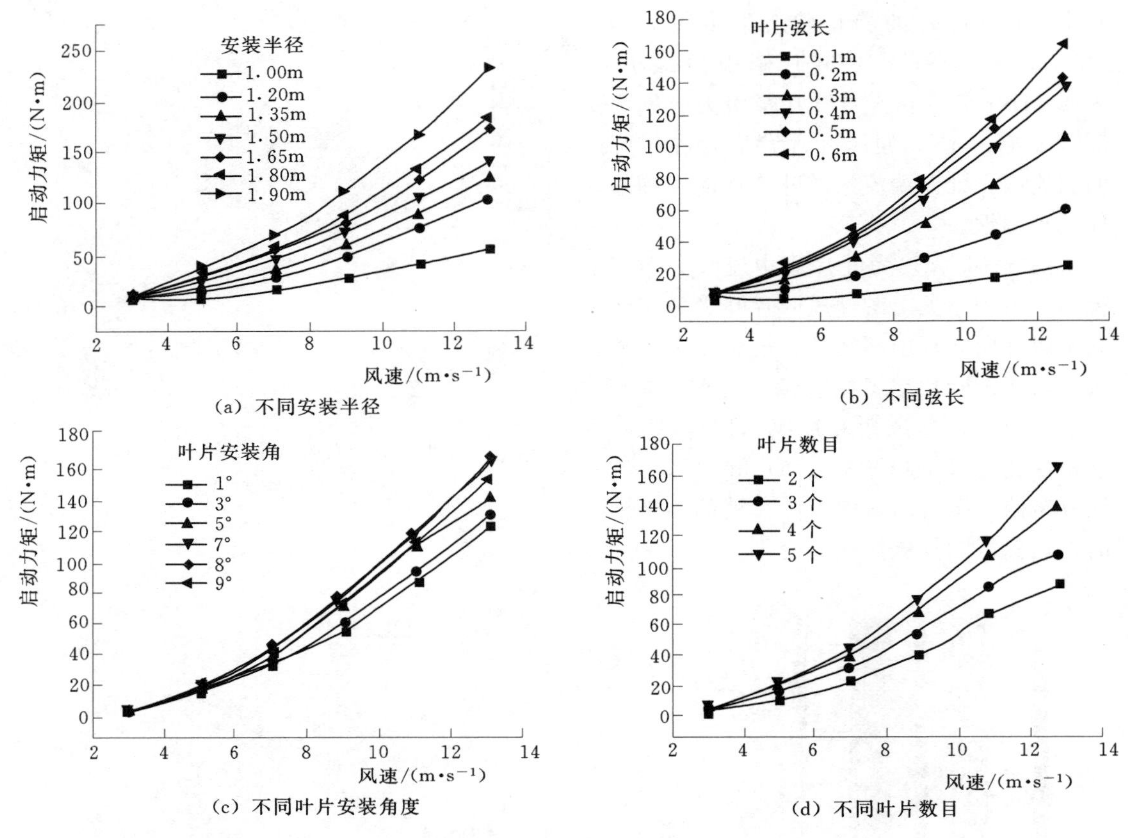

(a) 不同安装半径　(b) 不同弦长　(c) 不同叶片安装角度　(d) 不同叶片数目

图 3-8　启动力矩对比图

图 3-8 (a) 为安装半径分别选用 1.00m、1.20m、1.35m、1.50m、1.65m、1.80m 和 1.90m 时，静止垂直轴风力机在不同风速下的最大启动转矩值。由图 3-8 (a) 可知，当风速一定时，风轮的静态启动力矩随叶片安装半径的增大而增大，说明叶片安装半径越大，其启动性能越好，且随着安装半径的增大，风轮的静态启动力矩增大的幅度也越大。

图 3-8 (b) 为叶片弦长分别选用 0.1m、0.2m、0.3m、0.4m、0.5m 和 0.6m 时，静止垂直轴风力机在不同风速下的启动转矩值。由图 3-8 (b) 可知，当弦长一定时，风轮的静态启动力矩随叶片弦长的增加而增加，说明叶片弦长越长，其自启动性能越好。叶片弦长从 0.1m 增加至 0.4m 时，启动转矩增加较快，大于 0.4m 时，转矩随叶片弦长增加而增加的幅度明显减小。

图 3-8 (c) 为叶片安装角分别选用 1°、3°、5°、7°、8°、9°时，静止垂直轴风力机在不同风速下的启动转矩值。由图可知，不同的叶片安装角度对垂直轴风力机启动性能的影响较小，当安装角从 1°增至 8°时，启动力矩也随之增加，当安装角达到 9°时，启动力矩迅速减小。

图 3-8 (d) 为叶片数分别选用 2 个、3 个、4 个和 5 个时，静止垂直轴风力机在不同风速下的启动转矩值。由图可知，叶片数目越多，风轮的最大启动力矩越大，其自启动性能越好。

3.2 动态尾流效应

垂直轴风力机叶片迎风角在一个运转周期内快速变化，促使动态失速现象产生，在高叶尖速比时，尾流运行较之于叶片运行速度慢，叶片与自身及其他叶片产生的尾流频繁撞击，气动载荷分布不均匀，使得风轮转矩输出不稳定且关键点处疲劳应力变化加剧。因此，叶片与尾流的交互作用是垂直轴风力机气动特性分析中的关键问题之一。

3.2.1 近场尾流效应

参照麦克马斯特大学研制的垂直轴风力机的基本技术参数，绘制出三叶片原始垂直轴风力机模型和单叶片垂直轴风力机模型，如图 3-9 所示。近场尾流分析垂直轴风力机技术参数见表 3-3。

表 3-3 近场尾流分析垂直轴风力机技术参数

风轮直径 /m	叶片长度 /m	翼型	弦长 /m	安装角 /(°)	叶片数
2.5	3.0	NACA0015	0.4	0	3

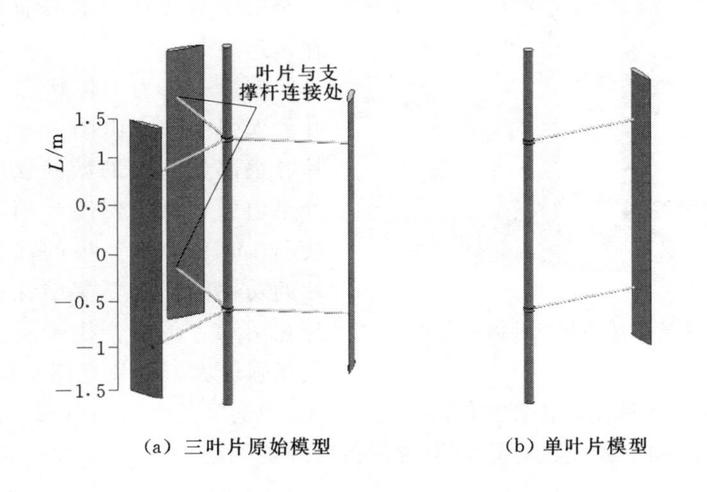

(a) 三叶片原始模型 (b) 单叶片模型

图 3-9 垂直轴风力机模型图

对图 3-9 中的两个垂直轴风力机模型进行 CFD 数值计算，得到了近场尾流对垂直轴风力机气动特性的影响。图 3-10 为两模型中单根叶片扭矩输出随方位角变化对比图，提取叶片初始方位角与单根叶片模型中叶片方位角一致，且圆盘方位角排布与真实风轮方位角排布一致。由图可见，叶片在迎风位置扭矩达到最大值，且单根叶片模型由于不受其他叶片尾流干扰，扭矩输出峰值高于原始模型中单根叶片，并且单根叶片模型中叶片扭矩峰值发生时间早于原始叶片。然而，原始模型中单根叶片扭矩输出降低速率低于单根叶片模型。

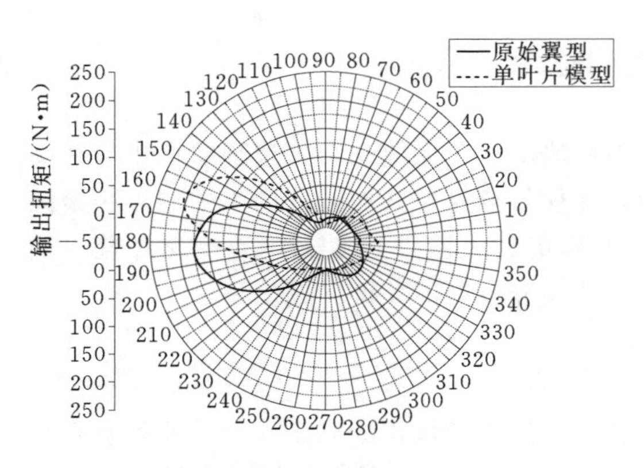

图 3－10　两模型中单根叶片扭矩随方位角变化

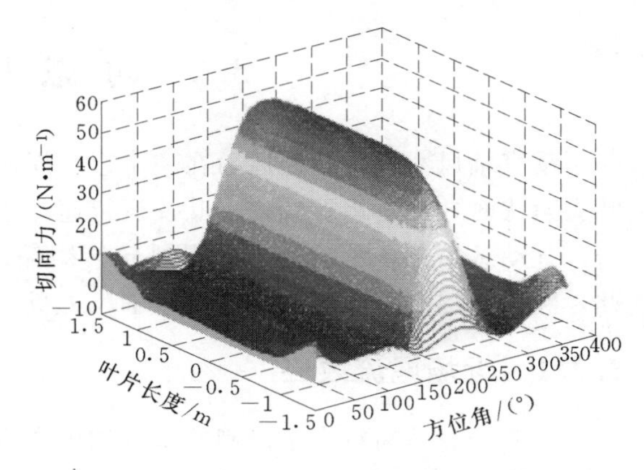

图 3－11　原始模型单根叶片切向牵引力变化

图 3－11 为原始模型中单根叶片切向牵引力在一个旋转周期内沿展向变化图。由图 3－11可见，叶片扭矩输出集中在叶片中部范围内，叶梢部位对于整台风力机的功率输出贡献最少。叶梢牵引力在扭矩输出达到峰值时（$\psi=190°$）迅速下降，而在扭矩输出较低时（$\psi=0°$）牵引力显著提升，叶梢部位牵引力与叶片中部截面牵引力相比较存在延迟现象。

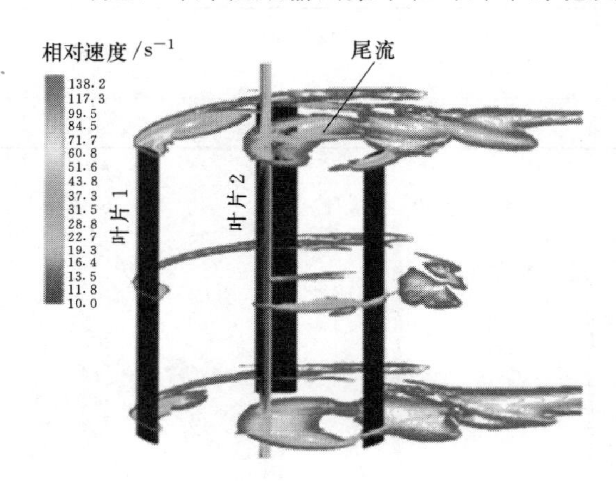

图 3－12　垂直轴风力机叶片涡强分布

图 3－12 为工作状态下垂直轴风力机叶片涡强分布。由图 3－12 可见，三个叶片叶梢部位拖曳的漩涡强度较为集中，此处牵引力最低。偏离叶梢部位，涡强分布较弱，叶片中部产生的涡强最弱，因此叶片的功率输出主要集中在该部位。图中叶片在图示方位角产生牵引力较大，而叶梢处涡强最大。叶片在图示位置牵引力最低，叶梢处涡强偏小。该图较为合理地解释了图 3－11 中的叶片牵引力分布。同时可看出，叶梢部位产生的尾流向下游发展，影响下游运行叶片的气动特性。

3.2.2　远场尾流效应

结合乌普萨拉大学研制的 200kW 垂直轴风力机基本参数，以瑞典法尔肯贝里市真实的风力机空间排布为例，模拟了远场尾流对垂直轴风力机气动特性的影响，该风力机的技术参数见表 3－4，垂直轴风力机风场分布示意如图 3－13 所示。

表 3－4　远场尾流分析垂直轴风力机技术参数

塔筒高度/m	风轮直径/m	叶片长度/m	结构翼型	叶梢翼型	安装角/(°)	叶片数
40	26	24	NACA0025	NACA0018	0	3

图 3-14 为图 3-13 中三台风力机在转速为 20r/min 下扭矩输出随时间变化图，可以看出，图 3-13（a）和图 3-13（b）上游风力机在旋转 5 周后扭矩输出达到了稳定状态，峰值输出相近。图 3-13（b）上游风力机扭矩输出谷值略低于图 3-13（a）中风力机。图 3-13（b）中下游风力机由于受到上游风力机尾流影响，扭矩峰值输出呈现一段时间的波动，在旋转 10 圈后达到稳定状态。通过计算得到三台风力机稳定后功率输出分别为 51.42kW、49.61kW 和 41.17kW。因此，在双机组串列排布时，处于上游的风力机输出功率受下游风力机的影响较小，与单机组风力机的输出功率基本一致，而下游风力机会受到上游风力机尾流的影响，导致输出功率有所降低。

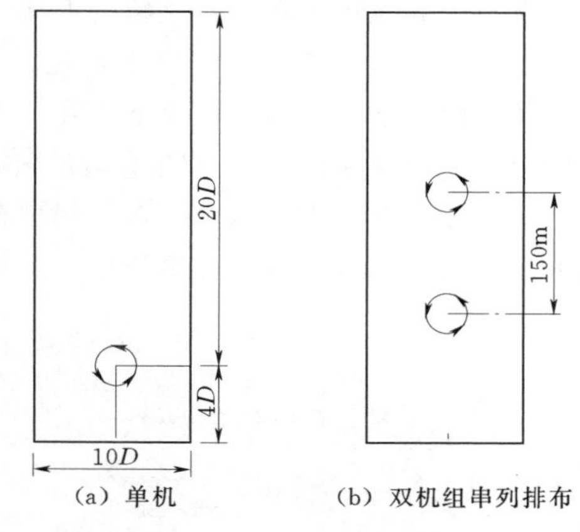

图 3-13　垂直轴风力机风场分布示意图

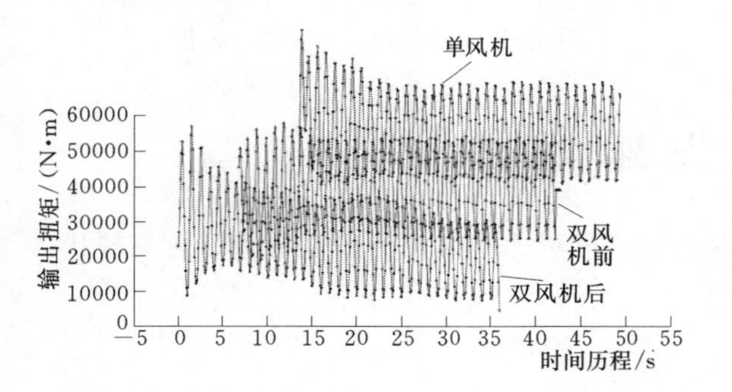

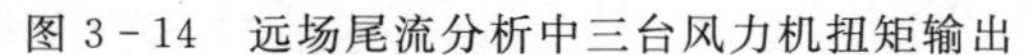

图 3-14　远场尾流分析中三台风力机扭矩输出

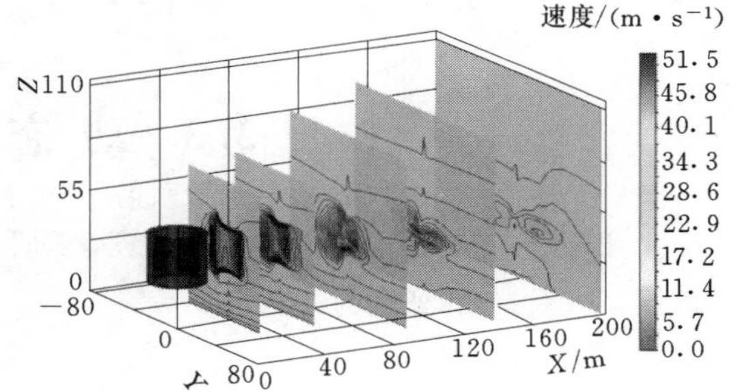

图 3-15　单机组风力机尾流切片速度云图

图 3-15 为单机组风力机在工作状态下，尾流中切片速度云图。可以看出，随着下游距离的增加，尾流影响逐渐被稀释，风速变化梯度逐渐趋于平缓；但在风力机下游 200m 的范围内风速未完全恢复。风力机旋转方向为逆时针（俯视），尾流影响区域逐渐向风轮旋转相反的方向即 Y 的正方向偏移。

图 3-16 为双机组串列排布时，流场稳定后纵向切片和横向切片速度云图以及风轮正前后扫风面积（$L \times D$）内功率流随流场纵向位置变化示意图。可以看出，上游风力机尾流在到达下游风力机位置时迅速向地面发展，势必对风力机叶片下半部分气动特性造成影响。而下游风力机尾流由于没有遇到障碍物，呈水平状，并在后方约 250m 处恢复常态。从横向切片可以看出，上游风力机尾流对下游风力机两侧的影响存在差异，在整个计算域内，尾流都有沿风轮转动方向相反的方向延伸。功率流在计算域入口和下游出口处达到较大值且较为稳定，因为这两处的风速较大且湍流较小；功率流在风力机旋转域内快速下降，且下游风力机由于处于上游风力机尾流区域内并且由于自身对气流的阻挡，所处位置处的功率流有所减小。

图 3-17 为双机组串列排布时，风力机功率输出稳定后某一时刻的湍动能切片云图。

可以看出，湍流集中在旋转风轮的下端。随着下游距离的增加，上游风力机叶片上下端处产生的湍流逐渐向转动轴线靠拢，且叶片上端的湍流逐渐稀释，下端处湍流先增强后削弱，并扩散。下游风力机叶片下端在Y轴的正半轴处遭遇湍流，该处湍流的存在影响下游风力机的功率输出，并且不均匀的气动变化易加剧叶片与主轴连接处的疲劳荷载。因此，对于该类型垂直轴风力机在空间排布时，其距离间隔应设定在200m以上。在盛行风的方向，两风力机也应避开串行排列。

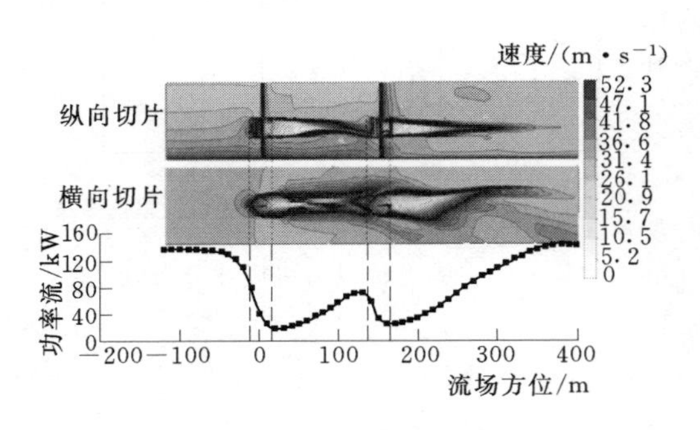

图3-16　双机组速度云图及功率流分布

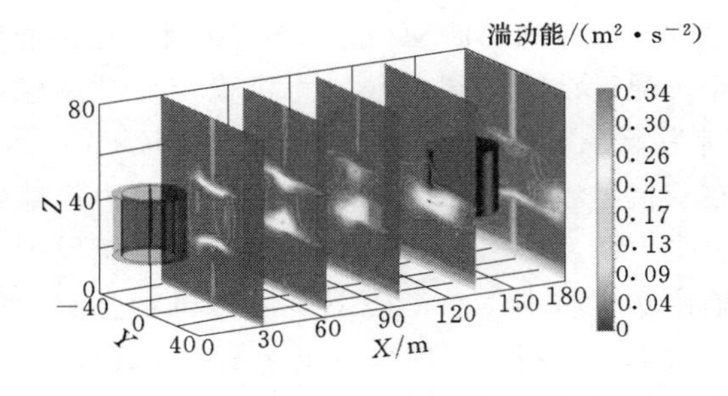

图3-17　双机组湍动能切片云图

3.3　动态失速效应

以3.2节中提到的麦克马斯特大学研制的垂直轴风力机叶片为研究对象，在旋转状态下，叶片攻角变化为

$$\alpha=\arctan\left(\frac{\sin\psi}{\lambda+\cos\psi}\right) \tag{3-1}$$

式中　ψ——叶片方位角；

λ——叶尖速比。

通过CFD计算得到如下结果：图3-18为旋转叶片在方位角$\psi=180°$时，叶片中部截面周边相同速度气流流线分布。图中旋转状态下叶片承受垂直于翼型弦线的空气气流，同时叶片垂直气流运动，快速挤压气流，气流流速在翼型前缘达到最大值，翼型下部气流较为平稳过渡到翼型后缘，且还具有加速趋势。而非旋转状态下气流流线分布呈现攻角敏感性特征，在该方位角下，由式（3-1）可算得翼型的攻角值，翼型呈失速状态，下部呈紊流状态，如图3-18（b）所示。

图3-19为非旋转单叶片在各个方位角上的稳态计算力矩与旋转单叶片对应方位角上的瞬态计算力矩比较图。由图3-19可见，非旋转状态下叶片在相同攻角和合速度下，在一个周期内有两个扭矩输出峰值，峰值大致相等。在相对应方位角上，旋转状态下单根叶片同样出现峰值。在动态失速效应影响下，在相同攻角和合速度时，旋转状态下叶片和非旋转叶片呈现不同的气动力。同时，旋转叶片在一定范围的方位角上出现负扭矩，而非旋转叶片只有在弦线与气流方向平行（$\psi=90°$，$270°$）时扭矩为负值。

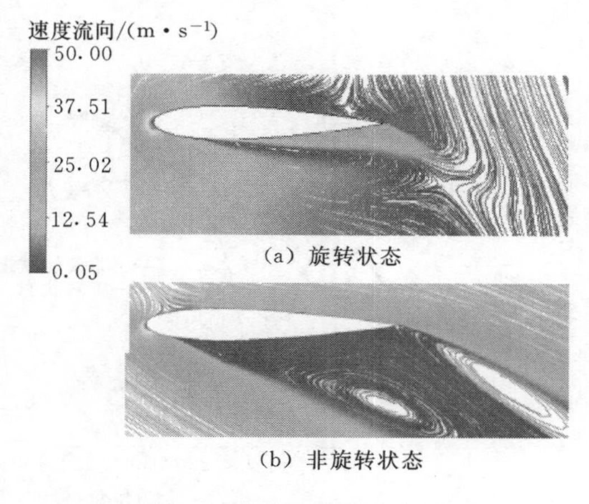

图 3-18 叶片中部截面流线分布

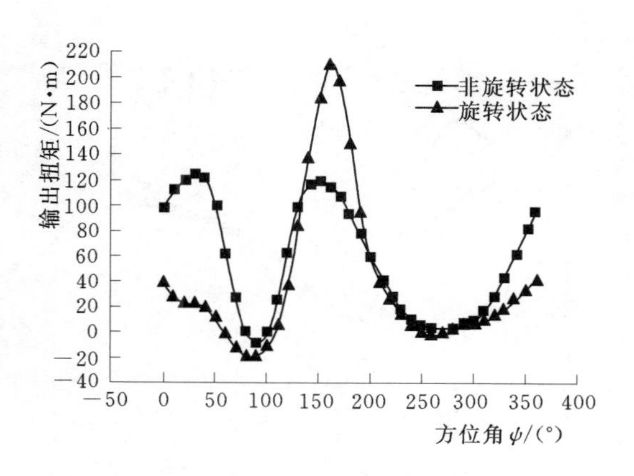

图 3-19 非旋转和旋转叶片输出扭矩随方位角分布

动态失速虽然是极其复杂的非定常空气动力学问题，其影响因素是多方面的，包括翼型几何形状、雷诺数、斯德鲁哈尔数、攻角和马赫数。但是，相关经验模型能够较好地描述达里厄型风力机的动态失速效应。

3.4 附加质量效应

Strickland 曾对二维平板的势流进行解析描述，发现存在与气流速度变化值和角速度值成比例的非循环力，这被认为是附加质量效应的影响。Strickland 认为法向力的贡献是可忽略的，但附加质量的切向分量需要被考虑，且平板 1/4 弦长处俯仰力矩改变的直接原因是流体惯性的影响。

垂直轴风力机在运转状态下攻角快速变化，叶片通常处于深失速状态，其附加质量与无界连续流动中的低速绕流会有很大不同，难以采用经典的势流理论方法求解，用试验方法确定风力机叶片的附加质量也存在一定的技术困难。因此通过 CFD 方法验证叶片附加质量影响，以 3.2 节中提到的麦克马斯特大学研制的垂直轴风力机叶片为研究对象，得到如下结果：

图 3-20 为旋转状态下单根叶片非旋转状态在不同方位角轴向力（沿支撑杆方向）分布与叶片旋转状态在相同工况下稳态计算轴向力比较图。由图可见叶片在旋转状态和非旋转状态下轴向力分布趋势一致。而旋转状态下，叶片在上风向时（90°～270°），叶片支撑杆受轴向压力，与叶片离心力相反；在下风向时（0°～90°、270°～360°），叶片轴向力低于非旋转状态下叶片承受的轴向力。因此，旋转状态下垂直轴风力机叶片支撑杆设计强度可低于稳态计算下支撑杆设计强度。

图 3-21 为旋转和非旋转叶片 1/4 弦长处［叶片与支撑杆连接处，见图 3-9 (a)］俯仰力矩随方位角变化示意图。由图可见，旋转状态下叶片由于快速攻角变化和尾流影响，叶片与支撑杆连接处扭矩快速变化，且幅值较大，加剧了该处疲劳荷载。应相对于稳态计

算结果，加强该处连接强度，保证风力机可靠运行。

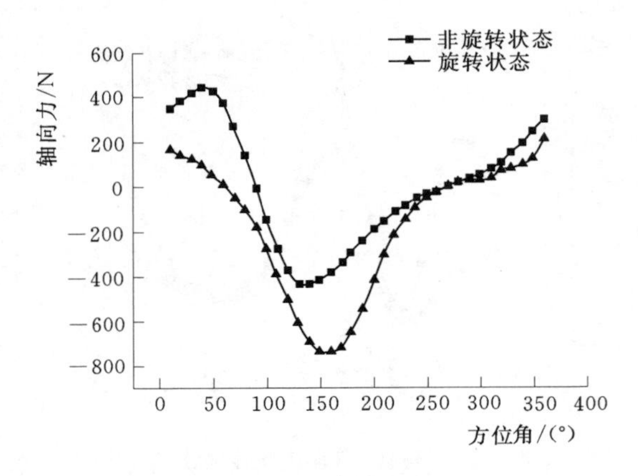

图3-20　叶片轴向力随方位角分布

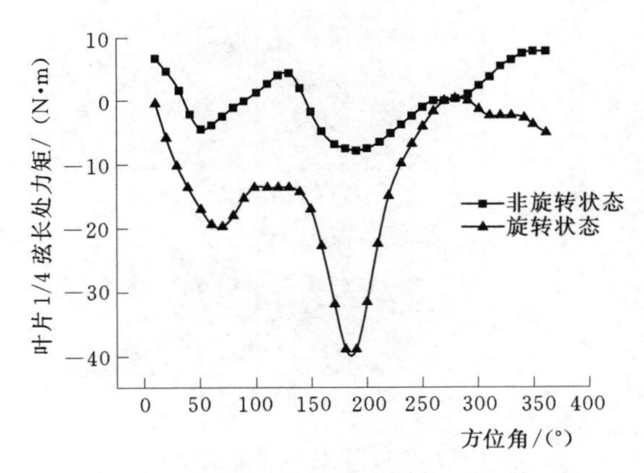

图3-21　叶片1/4弦长处俯仰力矩随方位角分布

3.5　翼型弯度效应

处理俯仰环量的一种方法是引入“虚拟弯度”的概念，即假设对称翼型在曲线流场中运动相当于带弯度翼型在直线流场中运动。弯度的大小基于翼型弦长与转子半径的比率，且弯度线的形状与风力机运行的圆形轨迹一致。

以3.2节中提到的麦克马斯特大学研制的垂直轴风力机为研究对象，该风力机叶片采用的是NACA0015翼型，根据弦长与风轮半径比例进行弯度调整，调整过程中保证翼型气动中心、弦长和相对厚度不变，中弧线与圆形轨迹一致。具有弯度的翼型如图3-22所示。

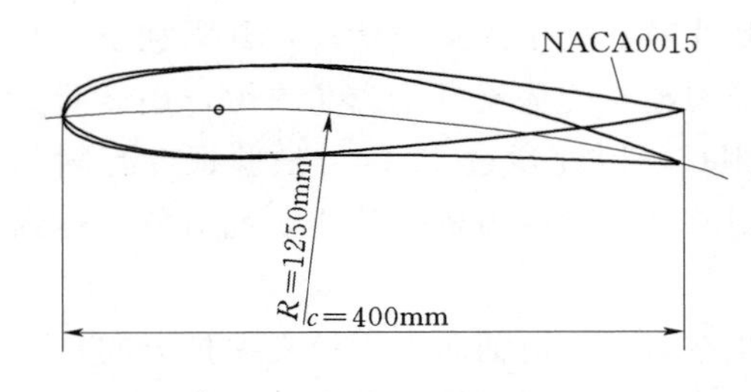

图3-22　具有弯度的翼型

图3-23为图3-22中两种翼型垂直轴风力机叶片扭矩输出对比图，由图可见，翼型中弧线与圆形轨迹吻合的叶片在一个运转周期内，三处扭矩峰值几乎相等。然而，具有该翼型的叶片扭矩输出最小值低于直翼型叶片。经计算得该翼型风力机输出功率高于直翼型叶片。

垂直轴风力机性能的另一个重要影响因素为顺风向推力。图3-24为具有两种翼型的风力机顺风向推力随方位角变化图。可以看出，垂直轴风力机在扭矩达到峰值方位角时，其顺风向推力几乎同时达到峰值。具有弯度翼型的风力机与直翼型风力机最大推力发生方位角一致，在$\psi=60°$左右，即三支叶片呈箭头状指向来流风向。具有弯度翼型的最大推力略小于直翼型风力机最大推力。同时可看到，具有弯度翼型的风力机推力最小值也低于直翼型风力机。因此说明，翼型中弧线与运行的圆形轨迹吻合的垂直轴风力机性能优于直翼型的垂直轴风力机。

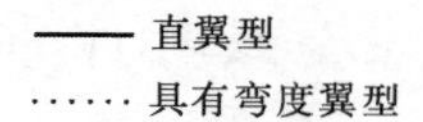

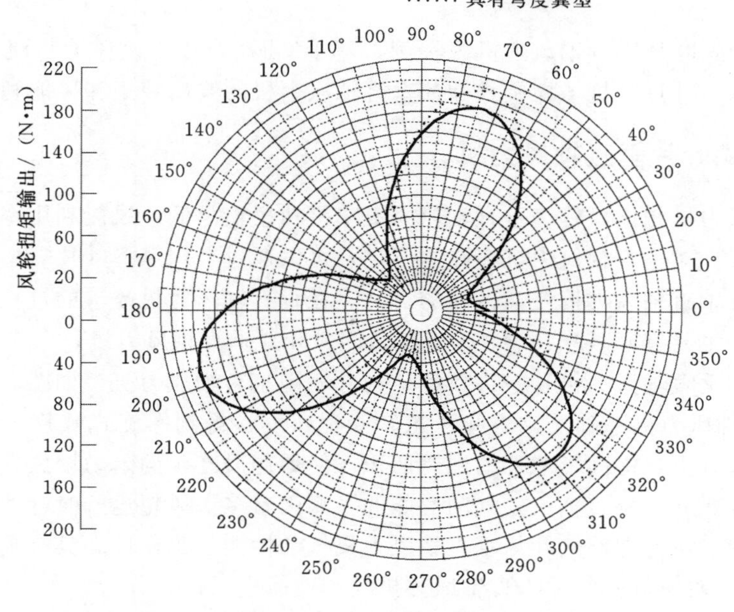

图 3-23 风力机扭矩输出图

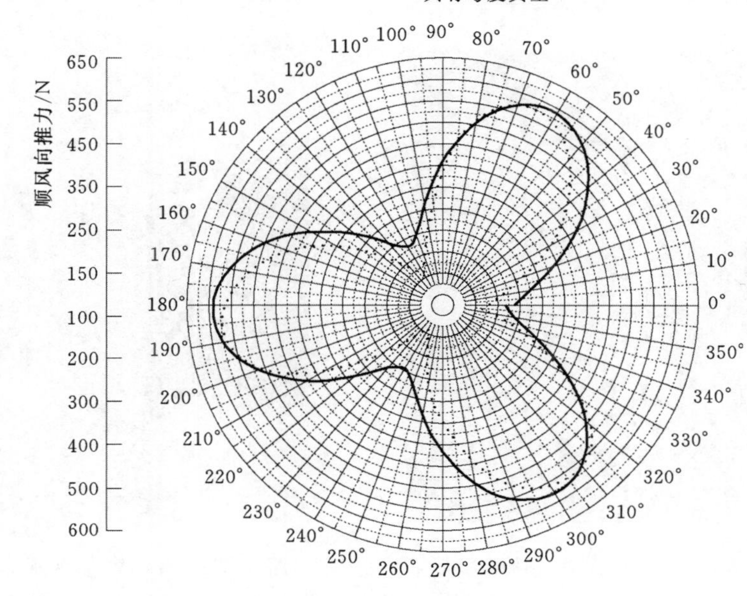

图 3-24 风力机顺风向推力图

3.6　螺旋式叶片垂直轴风力机气动性能

本节以螺旋式叶片垂直轴风力机为实例，基于 CFD 方法对该风力机流场及其气动性能进行数值模拟，计算分析了螺旋式叶片垂直轴风力机的输出转矩和风能利用率。

3.6.1　螺旋式叶片垂直轴风力机

与水平轴风力机相比，传统垂直轴风力机单机功率输出低，风能利用率不高，且一般无法自行启动。针对垂直轴风力机存在的不足，可以通过合理选择叶片翼型和巧妙的外形设计来达到改善垂直轴风力机气动性能的目的。在垂直轴风力机改进的过程中，出现了各种样式的风轮，主要有升阻互补型、S 型和螺旋式叶片垂直轴风力机。

螺旋式叶片垂直轴风力机是一种新型结构升力型垂直轴风力机，如图 3－25 所示，它是在 H 型垂直轴风力机基础上，将叶片扭转一定角度，得到螺旋式叶片，该风力机在保持升力特性的基础上，提高了叶片的迎风面积，使得迎风产生的阻力增大，达到了升阻互补的效果。螺旋式叶片垂直轴风轮气动性能的影响因素多，风轮运行时叶片附近的流场分布情况复杂，深入研究螺旋式叶片垂直轴风力机气动性能、工作性态具有重要意义。这里采用 CFD 方法，对螺旋式叶片垂直轴风力机气动性能进行计算分析。

3.6.2　几何模型与网格划分

以麦克马斯特大学 3.5kW 的 H 型垂直轴风力机为基础机型，如图 3－26 所示，将该风力机的直叶片扭转 90°形成螺旋式叶片，其他几何尺寸保持不变，具体技术参数见表 3－5。

图 3－25　螺旋式叶片垂直轴风力机

图 3－26　3.5kW 垂直轴风力机

在三维软件 UG 中建立螺旋式叶片垂直轴风力机物理模型如图 3－27（a）所示，忽略风力机中支撑杆的气动阻力作用，简化后模型如图 3－27（b）所示。

表 3-5 直叶片与螺旋式叶片垂直轴风力机技术参数

风力机类型	风轮直径/m	叶片竖向长度/m	翼型	弦长/m	螺旋角/(°)	叶片数
直叶片	2.5	3.0	NACA0015	0.4	0	3
螺旋式叶片	2.5	3.0	NACA0015	0.4	90	3

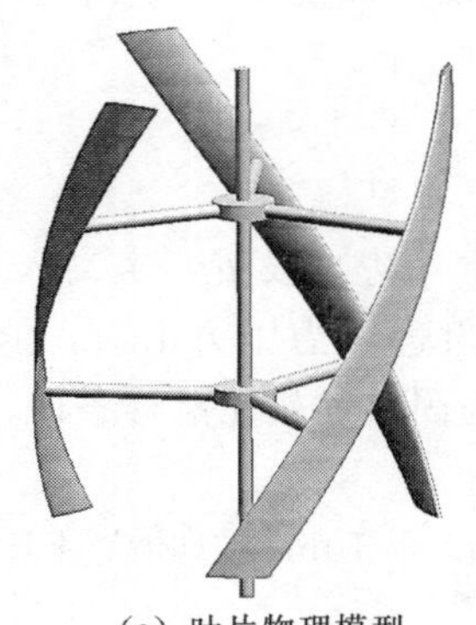

(a) 叶片物理模型

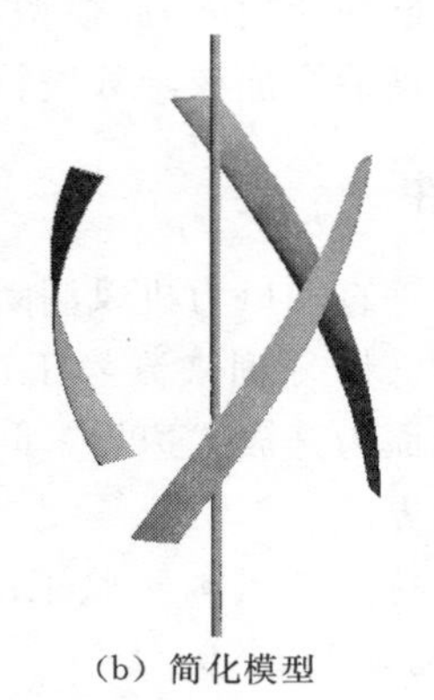

(b) 简化模型

图 3-27 风轮物理模型及简化后的计算模型

为保证较好的网格质量，流场采用分块耦合求解，在网格划分软件 ICEM 中，对旋转域及静止域采用不同形式的网格划分，分别为六面体结构化网格及四面体非结构化网格，在两者的交界处进行网格合并，同时对叶片附近网格进行加密处理，进而保证叶片附近流场域的网格质量，螺旋式叶片垂直轴风力机物理模型及网格划分如图 3-28 所示，从

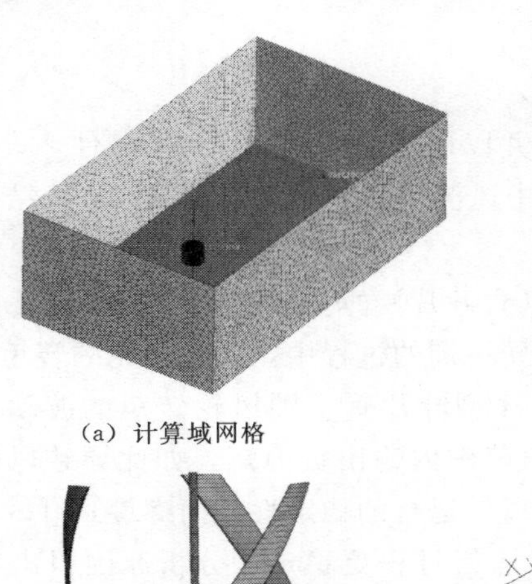

(a) 计算域网格

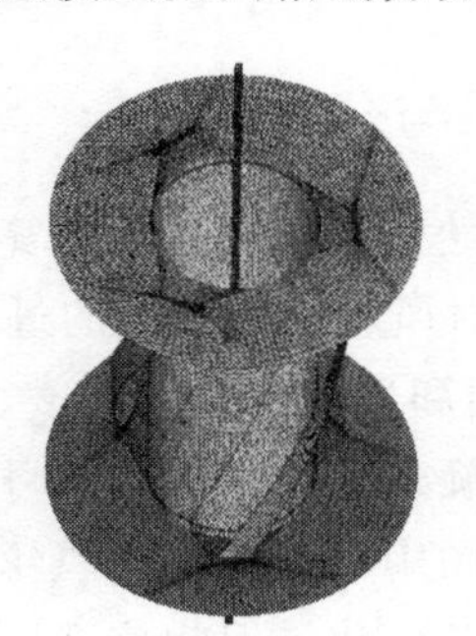

(b) 旋转域网格

(c) 风轮叶片网格

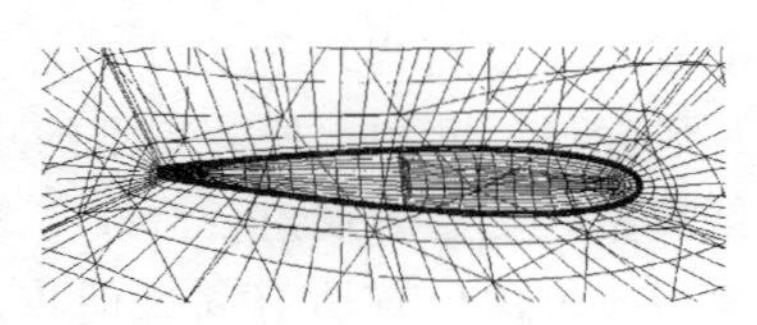

(d) 叶片翼型表面网格加密

图 3-28 螺旋式垂直轴风力机物理模型及风场网格划分

图 3－28（c）中可以看出，网格对叶片外形的适应性较好，叶片表面网格分布均匀，较好地克服了螺旋式叶片附近流场域网格的复杂性。

3.6.3　湍流模型

湍流模型选用 SST $k-\varepsilon$ 模型，该模型的优点是在低雷诺数时对壁面区有更好的精度和稳定性。它在近壁面使用 $k-\omega$ 模型，在边界层外部使用 $k-\varepsilon$ 模型，在边界层混合使用这两种模型，并根据混合加权函数进行加权平均。

3.6.4　边界条件

边界条件采用垂直轴风力机风洞瞬态模拟常用边界设置，定义入口边界为速度入口，假设下游边界压强已恢复到来流静压，定义出口边界为压力出口，上下壁面为开放式边界，计算域左右壁面为开放式边界，叶片表面为固壁绝热无滑移条件，静止域与旋转域交界面设定为旋转边界。

参考麦克马斯特大学风洞实验工况，风速设为 10m/s，叶尖速比从 0.5 逐渐增大至 1.8，具体计算工况见表 3－6。

表 3－6　计　算　工　况

参数	1	2	3	4	5	6
叶尖速比	0.5	0.8	1	1.3	1.6	1.8
风速/($m \cdot s^{-1}$)	10	10	10	10	10	10
转速/($r \cdot m^{-1}$)	38	61	76	99	122	137

3.6.5　计算结果与分析

首先对风轮初始位置进行稳态计算，并以稳态计算结果为初始条件，设定风轮每旋转 5°为一个时间步，对风轮旋转 8 周的过程中风洞情况进行瞬态模拟，计算结果如下。

3.6.5.1　转矩输出和风能利用率

图 3－29 为螺旋式叶片和 H 型叶片（直叶片）垂直轴风力机在相同工况下转矩随方位角的变化图，从图中可以看出，风轮旋转一周的过程中，两种风轮的转矩曲线变化趋势基本一致，近似正弦变化。但相比之下，H 型叶片垂直轴风轮转矩的波动幅度更大，最大差值 300N·m，且在运行至部分方位角范围内输出负力矩，如此导致风轮的功率输出波动较大，风轮载荷变化幅度大，不利于风轮运行的稳定性。而螺旋式叶片垂直轴风力机的转矩输出波动较小，没有出现负力矩，运行过程更稳定，分析原因得出在同一方位角处，螺旋式叶片风轮任一叶片上所有翼型的攻角互异，当叶片旋转一个角度时，翼型的攻角会改变，但某翼型改变后的攻角会恰好与之前方位角处某位置另一个翼型的攻角相同，以此类推，改变后方位角位置所有翼型的攻角会与之前方位角位置翼型攻角有重复的部分，这部分翼型的受力情况相似，因此，叶片在两个方位角处所受转矩相差不大，转矩输出振幅不高，有利于风轮稳定运行。

图 3－30 是麦克马斯特大学的 3.5kW 直叶片垂直轴风力机实验结果、直叶片及螺旋

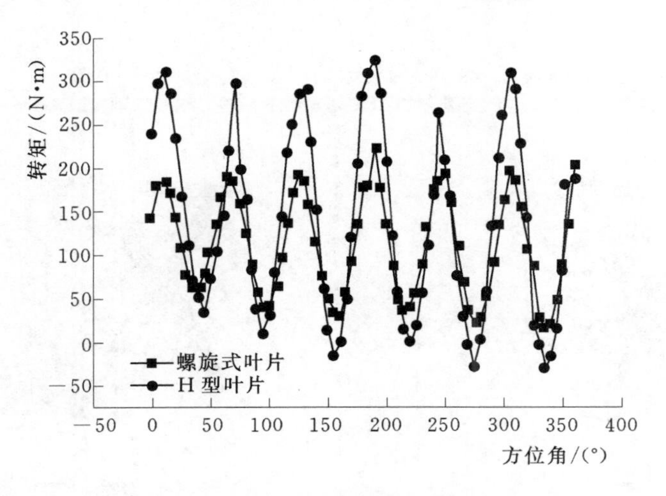

图 3-29　风轮旋转一个周期内的转矩变化图

式叶片垂直轴风力机 CFD 计算风能利用率随叶尖速比的变化图。由图可知，直叶片（H型）垂直轴风力机 CFD 计算值与试验结果较为符合，各风能利用率结果都随叶尖速比的增加而逐渐增大，且均在叶尖速比达到 1.6 时出现峰值，螺旋式叶片垂直轴风轮的风能利用率峰值明显高于同叶尖速比下的直叶片垂直轴风轮，最大值达到 0.348。分析原因得出螺旋式叶片垂直轴风力机在相同风轮高度时，与风接触面积大于直叶片垂直轴风力机，风能转换有效面积较高，而两种风轮可转换的总风能相同，因此螺旋式叶片垂直轴风力机的风能利用率较高。

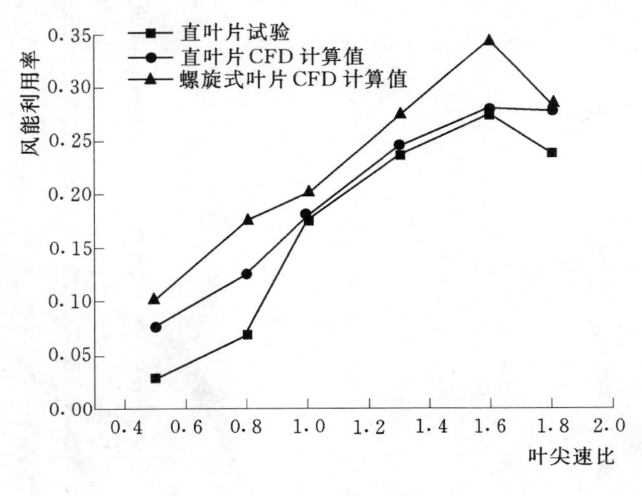

图 3-30　风能利用率

3.6.5.2　涡量及速度场分布

涡量是来表征涡旋大小和方向的量，其定义为速度场的旋度。流体域的涡量越大，说明流体漩涡程度越高。图 3-31 是螺旋式叶片垂直轴风力机涡量分布图，从图中可看出，涡量分布范围很广，不同区域相差较大。当叶片旋转至上流场时，叶片周围流场内的涡量

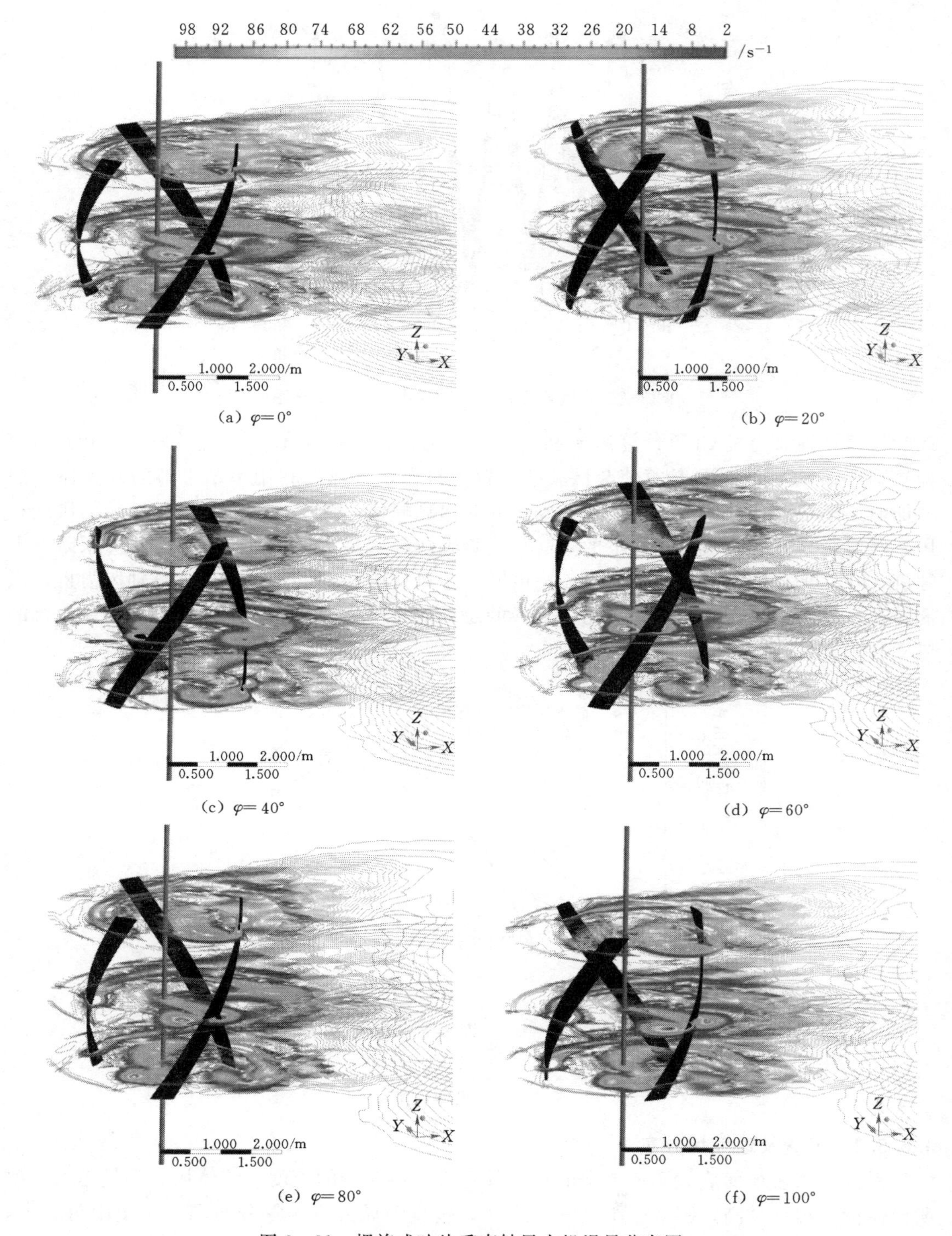

(a) $\varphi=0°$　(b) $\varphi=20°$

(c) $\varphi=40°$　(d) $\varphi=60°$

(e) $\varphi=80°$　(f) $\varphi=100°$

图 3-31　螺旋式叶片垂直轴风力机涡量分布图

分布少，数值也较小。随着方位角的增加，当叶片处于下流场时，由于上流场叶片旋转产生的气流扰动，叶片附近涡量明显增强，此时因为主轴产生的涡量向下流场移动，与叶片产生撞击，导致涡量再次增强。由于螺旋式叶片外形的特点，同一方位角时，上中下三个截面翼型所在位置不同，因此涡量分布不一样。但当翼型（截面与叶片相交平面）处于相同的旋转位置时，翼型附近流场域涡量分布基本一样。

图 3-32 是螺旋式叶片垂直轴风力机中部截面在不同方位角 φ 时速度场的分布图。由图可见，叶片前缘处相对风速最大，且叶片在上游区域时，叶片翼型周围流场流速大于叶片处于下游区域时周围流场的流速。同时，叶片在旋转过程中会形成尾流，近场尾流随风向下游移动，与下游运行叶片交汇，影响其气动性能，图中旋转域产生的尾流随着风向下游移动，当移动一定距离后，恢复到和周围速度场分布完全一样的状态，图中主轴也影响旋转域内流场的分布。

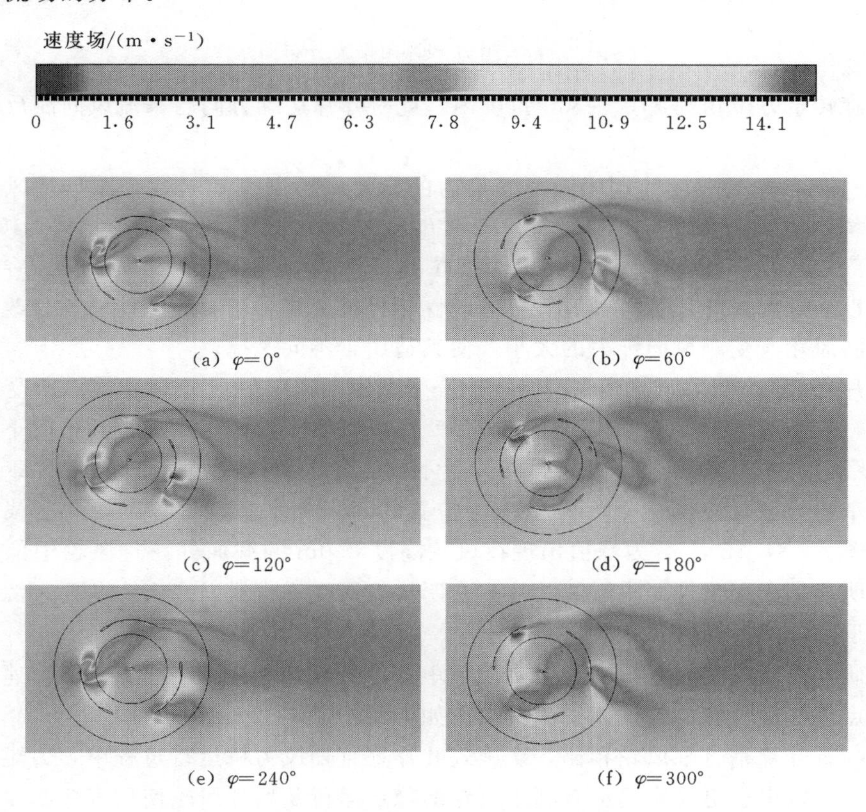

图 3-32 风力机中部截面速度场分布图

3.6.5.3 叶片受力特点

设上游区域叶片中部截面翼型弦长与来流风向垂直时的叶片位置为风轮旋转 $\varphi=0°$ 方位角位置，得风轮旋转一周时，叶片沿顺风向所受推力分布如图 3-33 所示。图 3-33 (a) 是单个叶片顺风向所受推力，由图可知，最大推力出现在 310°方位角处，峰值为 157.036N，最小推力出现在 60°方位角处，峰值为 9.824N，且由于尾流效应的影响，当叶片旋转至下游区域（方位角 $\varphi=180°\sim270°$）时，顺风向推力显著减小，出现谷值现象，

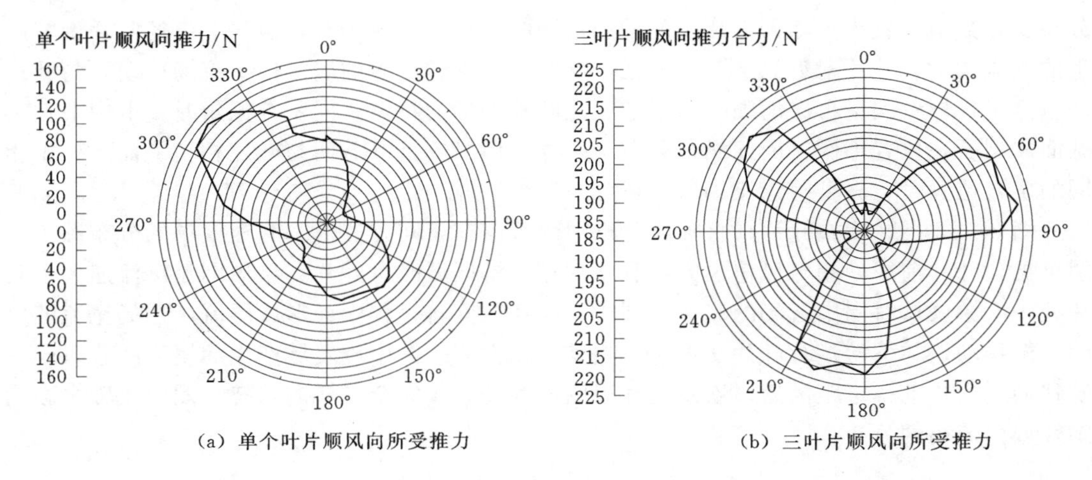

(a) 单个叶片顺风向所受推力

(b) 三叶片顺风向所受推力

图3-33 叶片顺风向推力分布图

叶片继续旋转至方位角为270°～330°范围内，此时叶片运动方向与来流风向相反，因此所受推力最大。

图3-33(b)为三叶片顺风向所受推力的合力，由图可知，整个图形呈风扇型，峰值谷值交替出现，最大差值34.21N。峰值出现方位角间隔约120°，分别为50°～90°、170°～210°及290°～330°处，表明此三个方位角范围内，风轮叶片顺风向推力合力较大，此结论可以为螺旋式叶片垂直轴风力机启动性能提供一定参考，表明能够通过改变叶片方位角来控制风轮所受顺风向推力的大小，使其适用于不同工况。

在叶片底部0m处，竖向每隔0.5m取一个截面，得不同风轮高度截面所受垂直风向的牵引力，如图3-34所示。从图3-34(a)中可以看出，同一个方位角情况下，不同高度截面的牵引力相差较大，同一截面旋转至不同方位角处牵引力不同。提取每间隔5°方位角处的牵引力，对旋转一个周期内72个位置的牵引力求和，得各风轮高度截面牵引力合力，见图3-34(b)。合力峰值出现在风轮高度2.0m的截面处，且风轮中部叶片的牵引力合力明显高于上下端面附近的叶片，表明风轮所受垂直风向牵引力主要来源于叶片中部位置附近叶片。

通过研究螺旋式叶片垂直轴风力机的转矩输出及风能利用率、涡量分布、速度场和风轮受力特点等气动性能，整理归纳相关结论如下：

(1) 与直叶片垂直轴风轮相比，螺旋式叶片垂直轴风力机运行过程中，力矩输出更稳定，使得功率输出也更稳定，更有利于风轮的稳定运行及增加风轮使用寿命。

(2) 由于螺旋式叶片垂直轴风力机有效风能转换面积较高，在相同工况下，风能利用率高于直叶片垂直轴风力机。

(3) 螺旋式叶片风轮的不同高度截面叶片的涡强分布不同，中部截面附近涡强最大，且尾流影响较为明显，叶片运行至相同方位角时涡量分布一样。

(4) 螺旋式叶片风轮的顺风向推力值在旋转一周过程中呈现峰谷交替变化；螺旋式叶片风轮牵引力分布随叶片高度变化较大，中部截面附近叶片部分牵引力最大，大于上下端面附近叶片部分。

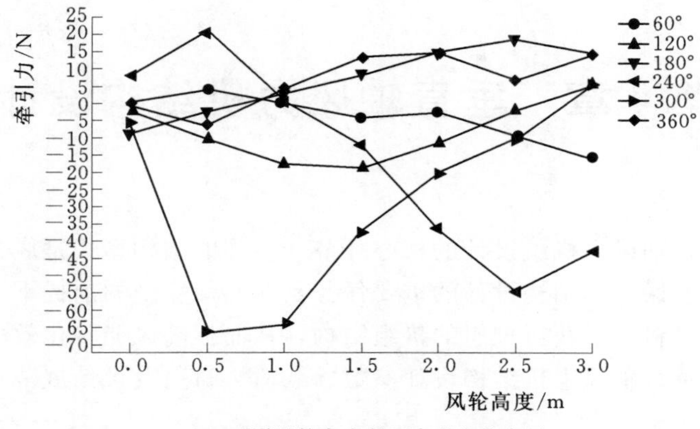

(a) 不同风轮高度截面牵引力分布图

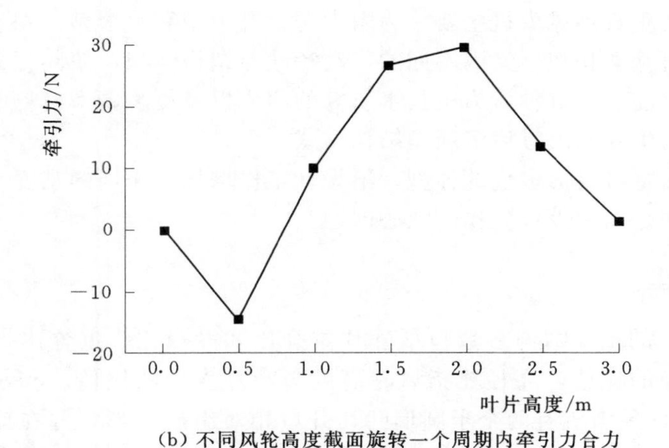

(b) 不同风轮高度截面旋转一个周期内牵引力合力

图 3-34 不同风轮高度截面所受垂直风向的牵引力分布图

CFD 计算是垂直轴风力机叶片气动设计与校核的有效手段之一。但是，CFD 也存在一定的局限性，其最终结果不能提供任何形式的解析表达式，只是有限个离散点上的数值解，有一定的计算误差。此外，初始条件和边界条件的设定很大程度上依赖于经验与技巧，同时对计算机硬件配置要求较高，计算时间较长。

CFD 数值计算、理论分析与实验测量相互联系、相互促进，但不能相互取代，因此，在利用 CFD 进行垂直轴风力机分析时，应注意三者的有机结合，取长补短。

第4章　垂直轴风力机结构设计

结构设计是垂直轴风力机组设计的核心环节。合理的结构型式是风力机组安全可靠运行和充分利用风能的保证。结构设计的重要任务是在确保安全的前提下，选择合适的结构型式、适用的工程材料，以获得理想的机组结构，从而提高风能转化效率。

本章主要介绍垂直轴风力机结构设计参数、载荷、材料及设计规范。

4.1　结构参数

如前所述，现代垂直轴风力机主要分为阻力型、升力型和组合型。垂直轴风力机叶片用材与水平轴风力机基本相似，又因不同的气动特性与结构体型，使其存在应用更多轻质环保材料的可能性。随着垂直轴风力机技术研究的深入以及更多新型材料的应用，传统垂直轴风力机之下又衍生和发展有诸多新型结构型式。

垂直轴风力机独特且灵活多变的体型，给设计工作增加了相当的难度。明确各机型的结构参数及计算方法是结构设计工作的核心问题。

4.1.1　Savonius型

Savonius风力机的重要结构参数包括叶片重叠比和高径比。重叠比指两叶片之间的重叠宽度与叶片直径的比值，高径比指风轮高度与叶片直径的比值。Savonius风力机结构如图4-1所示，该风力机有两个半圆形叶片开口相对组成S形，并在旋转中心处有一部分重叠区，即在两叶片端部之间形成了一定的间隙，运行起来如同放大的杯形风速仪，气流可以从转轴处以及弯曲叶片交叠的间隙中间流过。当不考虑中心转轴直径影响时，叶片的重叠比OL和高径比AP为

$$OL=\frac{S}{d} \tag{4-1}$$

$$AP=\frac{H}{d} \tag{4-2}$$

式中　S——两叶片间重叠宽度；

d——叶片直径；

H——风轮高度。

如果风力机具有中心转轴，则需要除去转轴直径，其叶片的净重叠比OL_n定义为

$$OL_n=\frac{S-a}{d} \tag{4-3}$$

式中　a——转轴直径。

旋转角速度$\boldsymbol{\omega}=\dot{\alpha}\boldsymbol{k}$表示瞬时旋转向量，由于Savonius风力机的对称性，因此$\omega=\dot{\alpha}$为

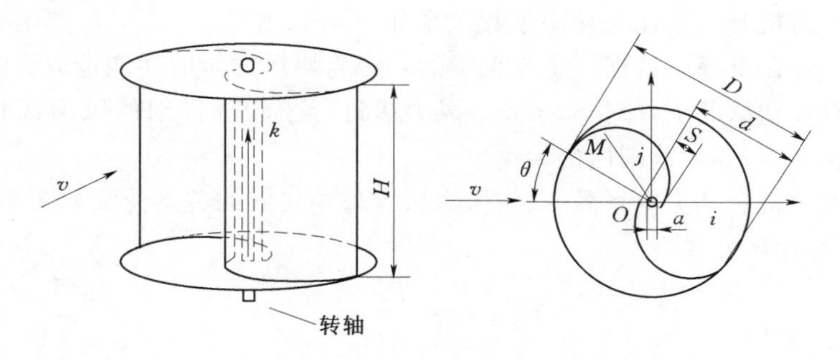

图 4-1 Savonius 风力机结构图

常数。基于 Chauvin 等提出的叶片压力下降数学模型，当 $OL=0$ 时，双风轮的 Savonius 风力机的扭矩 Q 可以表示为

$$Q=\sum(\boldsymbol{OM}\times\boldsymbol{F}_{\mathrm{M}})\cdot\boldsymbol{k} \tag{4-4}$$

式中 $\boldsymbol{OM}$——由转轴中心指向叶片上某点 M 的向量；

$\boldsymbol{F}_{\mathrm{M}}$——过叶片上某点 M 沿叶片切线方向的力。

以上扭矩表达式可分为两个部分，见式（4-5）。第一部分与前行叶片相关，是风力机转子驱动部分，以 Q_{M} 表示；第二部分与后行叶片相关，是风力机转子阻力部分，以 Q_{D} 表示，即

$$Q=Q_{\mathrm{M}}+Q_{\mathrm{D}} \tag{4-5}$$

假设作用在前行叶片和后行叶片上的气压差分别为 Δp_{M} 和 Δp_{D}，则总扭矩可表示为

$$Q=2r^2\cdot H\int_0^{\frac{\pi}{2}}(\Delta p_{\mathrm{M}}-\Delta p_{\mathrm{D}})\sin2\theta\mathrm{d}\theta \tag{4-6}$$

式中 r——重叠比 OL 为 0 时，Savonius 风力机叶片的旋转半径；

θ——风轮方位角。

平均功率 P 可以通过扭矩从 $0\sim\pi$ 积分得到，即

$$P=\omega\cdot Q=\frac{\omega}{\pi}\int_0^{\pi}Q\mathrm{d}\theta \tag{4-7}$$

风能利用系数由式（4-7）所示。根据风洞试验研究结果，两叶片的 Savonius 风力机风能利用率要高于三叶片。

$$C_{\mathrm{P}}=\frac{P}{\frac{1}{2}\rho v^3(4rH)} \tag{4-8}$$

式中 v——入流风速；

r——叶片半径。

美国 Sandia 国立实验室研究小组最早展开 Savonius 风力机叶片重叠比研究。在无转轴的条件下，对 4 种不同重叠比 Savonius 风力机进行风洞试验，结果表明，当 $OL=0.15$ 时，风力机的气动性能最佳。

国内某试验小组对 Savonius 风力机进行了风速 $v=6\mathrm{m/s}$（雷诺数 $Re=2.5\times10^5$），3 种重叠比（$OL=0$、0.2、0.5）下风力机输出功率系数 C_{P} 与叶尖速比 λ 之间的关系的试

验，Savonius 风力机叶尖速比与功率系数关系如图 4－2 所示。

实际上，转轴在重叠区占据一定比例空间，必将对风力机的性能造成影响。日本牛山泉试验小组在有转轴情况下，对 Savonius 风力机进行了较为详细的风洞试验，得出最佳重叠比应设置在 0.2～0.3 范围内的结论。

Savonius 风力机启动力矩系数 C_{ts} 与风力机方位角之间的关系曲线如图 4－3 所示。启动力矩系数 C_{ts} 的计算公式为

$$C_{ts}=\frac{T_s}{\frac{1}{4}\rho ADv^2} \tag{4-9}$$

式中　T_s——启动力矩；

A——扫略面积；

D——风轮直径。

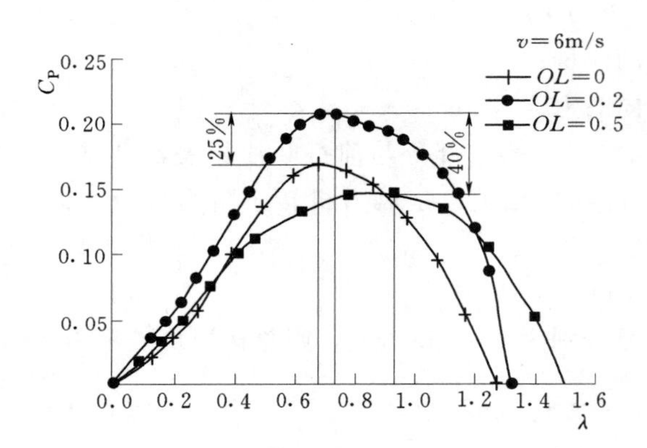

图 4－2　Savonius 风力机叶尖速比与功率系数关系

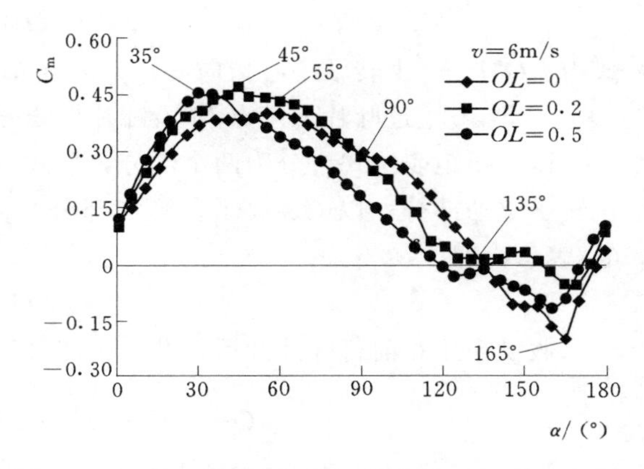

图 4－3　风力机启动力矩系数与方位角关系曲线

4.1.2　Darrieus 型

Darrieus 型风力机的重要结构参数包括扫略面积、叶片展弦比、叶片数、翼型、实度以及叶片形状。

4.1.2.1　扫略面积

风轮旋转扫过的面积在垂直于风向的投影面积是风力机截留风能的面积，称为风力机的扫掠面积，其大小直接决定总的捕获能量。扫略面积由风力机风轮半径、高度等尺寸决定。设计过程中，由设计额定功率、额定转速、风能利用系数可估算出扫略面积，进而确定风力机各部件尺寸范围。很多学者和科研单位进行了垂直轴风力机尺寸优化，试图找出风力机性能和成本综合最优方案，但得到的结论均不统一。

4.1.2.2　叶片展弦比

叶片展弦比是叶片高度与叶片弦长的比值。当叶片以一定的速度运行时，叶片压力面空气压强较高，而叶片吸力面空气压强较低，叶片产生向上的升力。由于叶片表面存在压差，压力面处气体会由叶片两端向上方绕动，产生翼尖涡。翼尖涡会扰乱叶片两端气流的正常流动，减小叶片的升力，叶片的升力系数越大则涡的影响越大，并且翼尖涡会在叶端

后方形成一串的涡流，产生涡诱导阻力，造成叶片阻力增加。如果叶片展弦比较大，翼尖涡造成的升力损失与阻力增加与叶片的升力与阻力相比可忽略不计；如果叶片展弦比较小，翼尖涡造成的升力与阻力损失比较明显。但是，当叶片长度有限时，展弦比越大，叶片弦长就越小，叶片面积也就越小，从而导致总升力减少。此外，叶片弦长减少会导致叶片雷诺数减小，进而使叶片失速攻角减小、最大升力系数减小、阻力系数增加。因此，既要尽量保证叶片弦长足够大，又要避免展弦比小造成的弊端，某些风力机借鉴航空技术，在叶片顶端加装端板，可大大减小绕流的影响。

4.1.2.3 叶片数

叶片数量直接决定风力机成本、气动性能和结构载荷分布。目前，Darrieus 型风力机叶片数多为三叶片和双叶片。三叶片风力机制造技术较成熟、气动性能好、扭矩波动小，因此三叶片风力机应用最多，但是双叶片风力机材料和安装成本比三叶片低得多，因此双叶片风力机也具有一定应用空间。此外，许多学者开展了四叶片甚至更多叶片型式风力机研究。三叶片风力机和双叶片风力机性能对比见表 4-1。

表 4-1 三叶片和双叶片 Darrieus 型风力机性能对比

性能指标	三叶片	双叶片
结构成本	高	低
装配成本	高	低
制造技术	较好	较差
强度/质量比	较差	较好
扭矩波动	较好	较差
力学特性	较好	较差

4.1.2.4 翼型

翼型直接决定了风力机风能转换效率、叶片成本、风力机载荷，升阻比是反映翼型性能的一个重要指标，其值越高，代表翼型气动性能越好。NACA00XX 系列对称翼型具有高升力、低阻力、失速特性良好等优点，因此大多数 Darrieus 型风力机采用该系列翼型，其中使用最为广泛的是图 4-4 所示的 NACA0015 翼型，该翼型在 180°攻角范围内具有对称的升力和阻力特性，俯仰力矩系数为零，且在风轮旋转过程中不会产生反向力矩。

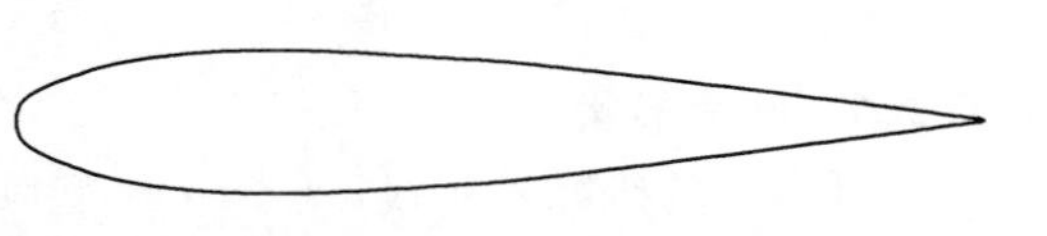

图 4-4 NACA0015 翼型

4.1.2.5 实度

实度指叶片展开曲面面积除以扫略面积，是 Darrieus 型风力机关键结构参数之一，其取值应综合考虑其他主要参数，其计算公式为

$$\xi=\frac{Bcl}{A} \tag{4-10}$$

式中 ξ——实度；

B——叶片数；

c——叶片弦长；

l——叶片长度；

A——扫略面积。

简便起见，通常认为垂直轴风力机的实度为

$$\xi=\frac{Bc}{R} \tag{4-11}$$

式中　R——风轮半径。

如图 4-5 所示为不同实度的风轮在不同叶尖速比时的风能利用系数曲线图，显示了实度从 0.1～0.4 时的功率系数随尖速比的变化。实度大的适应风速变化范围窄，实度小的适应风速变化范围大。

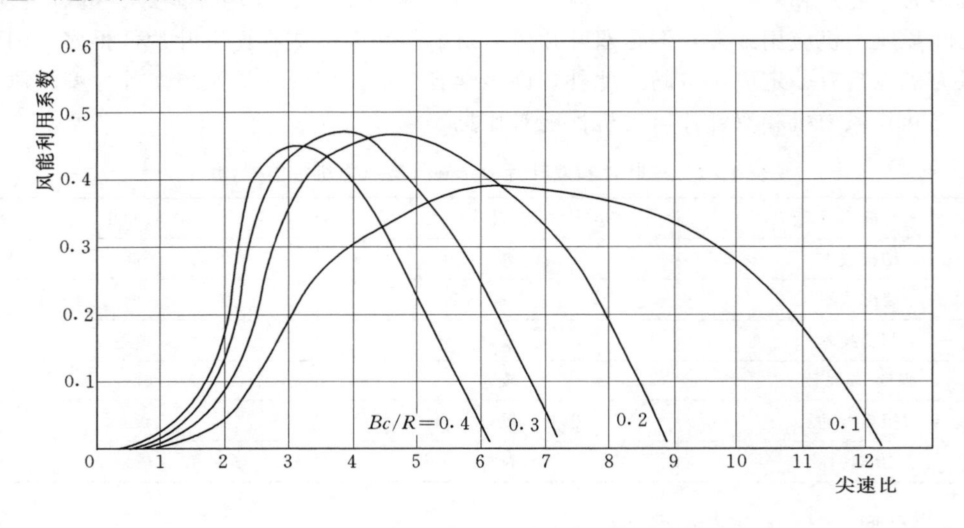

图 4-5　不同实度对风能利用系数的影响

4.1.2.6　叶片形状

经过多年的研究和实践，Darrieus 型风力机叶片形状逐渐发展成以下几种曲线：Troposkien 曲线、Sandia 曲线、悬链曲线和抛物线。其中，Troposkien 曲线又分为忽略重力的理想 Troposkien 曲线和考虑重力的修正 Troposkien 曲线。

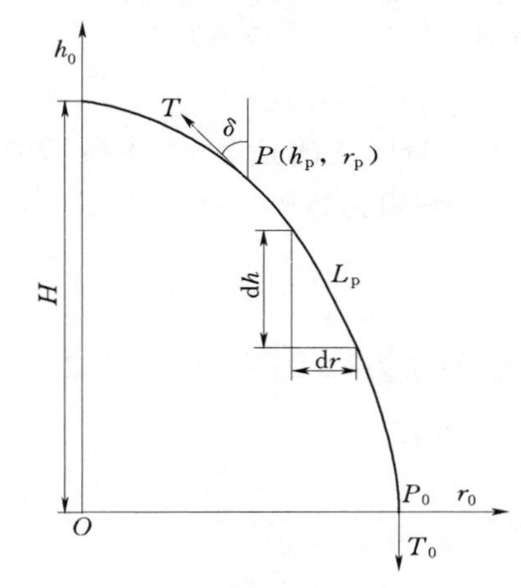

图 4-6　Troposkien 曲线

1. Troposkien 线型叶片

将 Troposkien 曲线用数学公式表达出来是叶片形状设计中的重要环节，不同参数设定对叶片形状影响明显。图 4-6 中总长为 L_0，单位长度质量为 m_0 的柔性叶片两端固定，绕固定轴旋转，受离心力作用自然弯曲成 Troposkien 曲线，取 PP_0 段为研究对象，将 PP_0 段的载荷进行正交分解，即

$$\begin{cases} T\sin\delta=F_c \\ T\cos\delta=T_0+G \end{cases} \tag{4-12}$$

式中 δ——叶片张力 T 与垂直方向的夹角，取值范围为 $\delta\in[0,\pi/2]$；

T——叶片张力；

F_c——离心力；

T_0——材料极限承载力；

G——PP_0 段总质量。

式（4-12）中 F_c 和 G 分别表示为

$$F_c=\int_0^{L_p} m_0\omega^2 r\mathrm{d}l \tag{4-13}$$

$$G=\int_0^{L_p} m_0 g\mathrm{d}l \tag{4-14}$$

式中 m_0——Darrrieus 型风力机叶片材料单位长度质量；

ω——叶片旋转角速度；

L_p——沿积分路径的曲线长度；

g——重力加速度。

由式（4-12）可以得到

$$\tan\delta=\frac{F_c}{T_0+G} \tag{4-15}$$

由图 4-6 所示的几何关系可得到

$$\tan\delta=\frac{-\mathrm{d}r}{\mathrm{d}h} \tag{4-16}$$

综合式（4-12）～式（4-16），可以得到

$$-\frac{\mathrm{d}r}{\mathrm{d}h}=\frac{F_c}{T_0+G}=\frac{\int_0^{L_p} m_0\omega^2 r\mathrm{d}l}{T_0+\int_0^{L_p} m_0 g\mathrm{d}l} \tag{4-17}$$

为求解式（4-17）中微分-积分方程，需设定边界条件，即

$$\begin{cases} r=0 \\ h=H \end{cases} \tag{4-18}$$

$$\begin{cases} r=R \\ h=0 \\ \dfrac{\mathrm{d}r}{\mathrm{d}h}=0,\text{即}(\delta=0) \end{cases} \tag{4-19}$$

式中 H——风轮 1/2 高度；

R——赤道半径。

当角速度 ω 较大时，绳索的自重相对于张力、离心力量级较小，可忽略，从而得到

$$\frac{\mathrm{d}r}{\mathrm{d}h}=-\frac{\int_0^{L_p} m_0\omega^2 r\mathrm{d}l}{T_0}=-\frac{m_0\omega^2}{T_0}\int_0^{L_p} r\mathrm{d}l \tag{4-20}$$

由图 4-6 所示的几何关系，可得到

$$\mathrm{d}l=\sqrt{(\mathrm{d}r)^2+(\mathrm{d}h)^2}=\mathrm{d}h\sqrt{1+\left(\frac{\mathrm{d}r}{\mathrm{d}h}\right)^2} \tag{4-21}$$

利用 H 对 r 和 h 无因次化，即可得

$$\begin{cases}\bar{r}=\dfrac{r}{H}\\ \bar{h}=\dfrac{h}{H}\end{cases} \tag{4-22}$$

将式（4-22）代入式（4-20）可得

$$\frac{\mathrm{d}\,\bar{r}}{\mathrm{d}\,\bar{h}}=-\frac{m_0\omega^2H^2}{T_0}\int_0^{L_p}\bar{r}\sqrt{1+\left(\frac{\mathrm{d}\,\bar{r}}{\mathrm{d}\,\bar{h}}\right)}\mathrm{d}\,\bar{h} \tag{4-23}$$

式（4-23）两边同时对 $\mathrm{d}\,\bar{h}$求导，可得

$$\frac{\mathrm{d}^2\,\bar{r}}{\mathrm{d}\,\bar{h}^2}=-\Omega^2\,\bar{r}\sqrt{1+\left(\frac{\mathrm{d}\,\bar{r}}{\mathrm{d}\,\bar{h}}\right)^2} \tag{4-24}$$

其中

$$\Omega^2=\frac{m_0\omega^2H^2}{T_0} \tag{4-25}$$

式（4-24）右侧根号项对 $\mathrm{d}\,\bar{h}$求导，可得到

$$\frac{\mathrm{d}}{\mathrm{d}\,\bar{h}}\left(\sqrt{1+\left(\frac{\mathrm{d}\,\bar{r}}{\mathrm{d}\,\bar{h}}\right)^2}\right)=\frac{\dfrac{\mathrm{d}\,\bar{r}}{\mathrm{d}\,\bar{h}}\dfrac{\mathrm{d}^2\,\bar{r}}{\mathrm{d}\,\bar{h}^2}}{\sqrt{1+\left(\dfrac{\mathrm{d}\,\bar{r}}{\mathrm{d}\,\bar{h}}\right)^2}} \tag{4-26}$$

综合式（4-24）和式（4-26），可得到

$$\frac{\mathrm{d}}{\mathrm{d}\,\bar{h}}\left(\sqrt{1+\left(\frac{\mathrm{d}\,\bar{r}}{\mathrm{d}\,\bar{h}}\right)^2}\right)=-\Omega^2\,\bar{r}\frac{\dfrac{\mathrm{d}\,\bar{r}}{\mathrm{d}\,\bar{h}}\sqrt{1+\left(\dfrac{\mathrm{d}\,\bar{r}}{\mathrm{d}\,\bar{h}}\right)^2}}{\sqrt{1+\left(\dfrac{\mathrm{d}\,\bar{r}}{\mathrm{d}\,\bar{h}}\right)^2}}=-\Omega^2\,\bar{r}\frac{\mathrm{d}\,\bar{r}}{\mathrm{d}\,\bar{h}}=-\frac{\Omega^2}{2}\frac{\mathrm{d}}{\mathrm{d}\,\bar{h}}(\bar{r}^2) \tag{4-27}$$

式（4-27）两边同时对 $\mathrm{d}\,\bar{h}$积分，利用边界条件式（4-28）可得到式（4-29），即

$$\begin{cases}\bar{h}=0\\ \dfrac{\mathrm{d}\,\bar{r}}{\mathrm{d}\,\bar{h}}=\dfrac{\mathrm{d}r}{\mathrm{d}h}=-\tan\delta=0\\ r=R\end{cases} \tag{4-28}$$

$$\sqrt{1+\left(\frac{\mathrm{d}\,\bar{r}}{\mathrm{d}\,\bar{h}}\right)^2}\,\Big|_{\bar{h}=\frac{h_p}{H}}-\sqrt{1+\left(\frac{\mathrm{d}\,\bar{r}}{\mathrm{d}\,\bar{h}}\right)^2}\,\Big|_{\bar{h}=0}=-\frac{\Omega^2}{2}\left(\bar{r}^2\,|_{\bar{h}=\frac{h_p}{H}}-\bar{r}^2\,|_{\bar{h}=0}\right) \tag{4-29}$$

式中　h_p——P 点高度。

对式（4-29）进行整理可得

$$\sqrt{1+\left(\frac{\mathrm{d}\,\bar{r}}{\mathrm{d}\,\bar{h}}\right)^2}\,\Big|_{\bar{h}=\frac{h_p}{H}}=1-\frac{\Omega^2}{2}\left(\bar{r}^2\,|_{\bar{h}=\frac{h_p}{H}}-\beta^2\right) \tag{4-30}$$

其中

$$\beta=\frac{R}{H}$$

式中　β——径高比。

设定$\bar{l}=\dfrac{l}{H}$，式（4-30）左侧可写成式（4-31），联合式（4-30）和式（4-31）可

得到式（4-32），即

$$\sqrt{1+\left(\frac{\mathrm{d}\,\overline{r}}{\mathrm{d}\,\overline{h}}\right)^2}=\frac{1}{\mathrm{d}\,\overline{h}}\sqrt{\frac{(\mathrm{d}h)^2+(\mathrm{d}r)^2}{H^2}}=\frac{\frac{\mathrm{d}l}{H}}{\mathrm{d}\,\overline{h}}=\frac{\mathrm{d}\,\overline{l}}{\mathrm{d}\,\overline{h}} \tag{4-31}$$

$$\frac{\mathrm{d}\,\overline{l}}{\mathrm{d}\,\overline{h}}=\sqrt{1+\left(\frac{\mathrm{d}\,\overline{r}}{\mathrm{d}\,\overline{h}}\right)^2}=1-\frac{\Omega^2}{2}(\overline{r}^2-\beta^2) \tag{4-32}$$

对式（4-32）两侧同时平方，可得到式（4-33），整理多项式后可得到式（4-34），即

$$1+\left(\frac{\mathrm{d}\,\overline{r}}{\mathrm{d}\,\overline{h}}\right)^2=\left[1-\frac{\Omega^2}{2}(\overline{r}^2-\beta^2)\right]^2=1-\Omega^2(\overline{r}^2-\beta^2)+\frac{\Omega^4}{4}(\overline{r}^2-\beta^2)^2 \tag{4-33}$$

$$\left(\frac{\mathrm{d}\,\overline{r}}{\mathrm{d}\,\overline{h}}\right)^2=\frac{\Omega^4}{4}(\overline{r}^2-\beta^2)\left[(\overline{r}^2-\beta^2)-\frac{4}{\Omega^2}\right]=\frac{\Omega^4\beta^4}{4}\left(1+\frac{4}{\Omega^2\beta^2}\right)\left[\left(\frac{\overline{r}}{\beta}\right)^2-1\right]\left[\frac{\left(\frac{\overline{r}}{\beta}\right)^2}{1+\frac{4}{\Omega^2\beta^2}}-1\right] \tag{4-34}$$

对式（4-34）等号两侧同时开根号，可得

$$\frac{\mathrm{d}\,\overline{r}}{\mathrm{d}\,\overline{h}}=\pm\frac{\Omega^2\beta^2}{2}\sqrt{\left(1+\frac{4}{\Omega^2\beta^2}\right)}\sqrt{\left[\left(\frac{\overline{r}}{\beta}\right)^2-1\right]}\sqrt{\frac{\left(\frac{\overline{r}}{\beta}\right)^2}{\left(1+\frac{4}{\Omega^2\beta^2}\right)}-1} \tag{4-35}$$

引入变量，代入式（4-35）可得

$$\begin{cases} x=\dfrac{\overline{r}}{R} \\ k^2=\dfrac{1}{1+\dfrac{4}{\Omega^2\beta^2}} \end{cases} \tag{4-36}$$

$$\frac{1}{\sqrt{(1-x^2)[1-(kx)^2]}}\mathrm{d}x=\left(-\frac{\Omega}{\sqrt{1-k^2}}\right)\mathrm{d}\,\overline{h} \tag{4-37}$$

式（4-37）两侧同时积分，积分上下限取式（4-38）及式（4-39），可得到式（4-40），即

$$\begin{cases} \overline{h}=0 \\ x=\dfrac{\overline{r}}{\beta}=1 \end{cases} \tag{4-38}$$

$$\begin{cases} \overline{h}=\overline{h}_{\mathrm{p}}=\dfrac{h_{\mathrm{p}}}{H_0} \\ x=x_{\mathrm{p}}=\dfrac{\overline{r}_{\mathrm{p}}}{\beta} \end{cases} \tag{4-39}$$

$$\overline{h}_{\mathrm{p}}=\frac{\sqrt{1-k^2}}{\Omega}\int_{x_{\mathrm{p}}}^{1}\frac{1}{\sqrt{(1-x^2)[1-(kx)^2]}}\mathrm{d}x \tag{4-40}$$

取值 $x=\sin\psi$，$\psi\in\left[0,\frac{\pi}{2}\right]$，则 $\mathrm{d}x=\cos(\psi)\mathrm{d}\psi$，替换式（4-40）中 x，可得到式（4-

41)，即

$$\overline{h}_{\mathrm{p}} = \frac{\sqrt{1-k^2}}{\Omega}\int_{\psi}^{\pi/2} \frac{1}{\sqrt{1-k^2\sin^2\psi}}\mathrm{d}\psi \tag{4-41}$$

设定第一类椭圆积分，即

$$F(\psi;k) = \int_{\psi}^{\pi/2} \frac{1}{\sqrt{1-k^2\sin^2\psi}}\mathrm{d}\psi \tag{4-42}$$

$$\overline{h}_{\mathrm{p}} = \frac{\sqrt{1-k^2}}{\Omega}[F(\psi;k)\mid_{\psi=\frac{\pi}{2}} - F(\psi;k)\mid_{\psi}] = \frac{\sqrt{1-k^2}}{\Omega}\left[F\left(\frac{\pi}{2};k\right) - F(\psi;k)\right] \tag{4-43}$$

由于在 Troposkien 曲线的顶点存在边界条件，即

$$\overline{h} = \frac{\sqrt{1-k^2}}{\Omega}\left[F\left(\frac{\pi}{2};k\right) - F(\psi;k)\right] = 1 \tag{4-44}$$

由于 $F(\psi;k)\mid_{\psi=0}=0$，因此可得

$$\Omega = \sqrt{1-k^2}F\left(\frac{\pi}{2};k\right) \tag{4-45}$$

由于边界条件 $\overline{h}=1 \Rightarrow \begin{cases}\overline{r}=0\\ k\rightarrow 0\end{cases} \Rightarrow \begin{cases}x=0\\ k=0\end{cases} \Rightarrow \begin{cases}\psi=0\\ k=0\end{cases}$，则可得 Troposkien 曲线的数学表达式为

$$\overline{h} = \frac{h}{H_0} = 1 - \frac{F(\psi;k)}{F\left(\frac{\pi}{2};k\right)} \tag{4-46}$$

将式（4-46）代入已知条件并查询椭圆积分数值表，则可得到任意条件下的 Troposkien 曲线上点的坐标。

2. Sandia 线型叶片

实际应用中，Darrrieus 系列风力机中 Φ 型风力机通常采用近似的 Troposkien 曲线叶片。Sandia 型曲线从理想的 Troposkien 曲线简化而来。图 4-7 为 Sandia 型曲线，由下部圆弧段（AB）和上部直线段（BC）组成，整个叶片以中间的赤道面对称分布，l 为叶片总长度，$2H$ 为风轮高度。

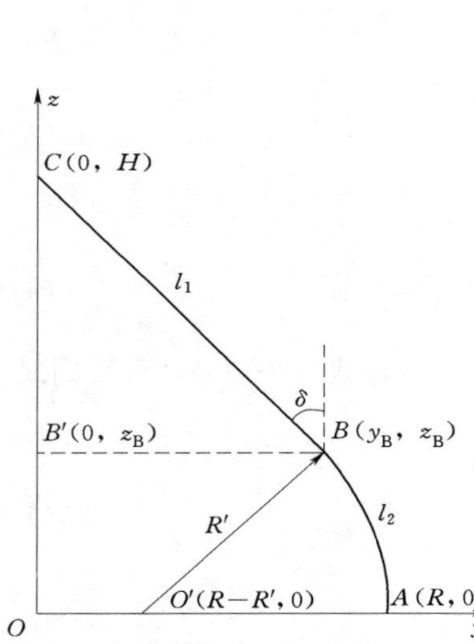

图 4-7　Sandia 型曲线

令 B 点的坐标为 (y_B, z_B)，则直线段 $\overline{CB}$ 的方程为

$$\frac{y_B}{-y} = \frac{z_B - H}{H - z} \tag{4-47}$$

其无因次形式为

$$\eta = \frac{\eta_B}{1-\zeta_B}(1-\zeta) \tag{4-48}$$

其中，$\eta = y/R$，$\zeta = z/H$，$\eta \in [0, \eta_B]$，$\zeta \in [\zeta_B, 1]$；在 B 点，$\eta_B = y_B/R$，$\zeta_B = z_B/H$。

在直线段 CB 上，其偏斜角 δ_1 恒定，即

$$\tan\delta_1=\frac{\beta\zeta_B}{1-\zeta_B} \tag{4-49}$$

式中 β——径高比。

叶片总长度可表示为 $l=2(l_1+l_2)$，则

$$\frac{l_1}{H}=\frac{1-\zeta_B}{\cos\delta_1} \tag{4-50}$$

$$\frac{l_2}{H}=\frac{R'}{H}\delta_1=\frac{R'}{R}\beta\delta_1 \tag{4-51}$$

$$\frac{l}{2H}=\frac{2(l_1+l_2)}{2H}=\frac{1-\zeta_B}{\cos\delta_1}+\frac{R'}{R}\beta\delta_1 \tag{4-52}$$

圆弧的圆心位置为 $O'(R-R',\ 0)$，且经过点 $A(R,\ 0)$ 和点 $B(y_B,\ z_B)$，则圆弧方程可表示为 $[y-(R-R')]^2+z^2=R'^2$，其无因次形式为

$$\eta=1-\frac{R'}{R}+\sqrt{\left(\frac{R'}{R}\right)^2-\left(\frac{\zeta}{\beta}\right)^2} \tag{4-53}$$

其中，$\eta\in[0,\eta_B]$，$\zeta\in[0,\zeta_B]$。令 δ_2 为圆弧的偏斜角，则

$$\tan\delta_2=\frac{\zeta}{\sqrt{\left(\beta^2\dfrac{R'}{R}\right)^2-\zeta^2}} \tag{4-54}$$

当 $\zeta=\zeta_B=z_B/H$，$\delta_2=\delta_1$ 时，可得

$$\frac{R'}{R}=\frac{\zeta_B}{\beta\sin\delta_1} \tag{4-55}$$

因此，式（4-53）可变换为

$$\eta=1+\frac{\sqrt{\zeta_B^2-\zeta^2\sin^2\delta_1}-\zeta_B}{\beta\sin\delta_1} \tag{4-56}$$

Sandia 型风力机叶片总长度为 l 比总高 $2H$ 得到

$$\frac{l}{2H}=\frac{1-\zeta_B}{\cos\delta_1}+\frac{\zeta_B\delta_1}{\sin\delta_1} \tag{4-57}$$

旋转叶片扫掠面积 A 可表示为

$$\frac{A}{4HR}=\frac{1}{2}\left[\eta_B+\zeta_B+\left(\frac{\beta\delta_1-\sin\delta_1}{\beta\sin^2\delta_1}\right)\zeta_B^2\right] \tag{4-58}$$

叶片最大旋转半径为

$$R'=\frac{\zeta_B}{\beta\sin\delta_1}R \tag{4-59}$$

叶片的重心位于

$$\frac{x_G}{R}=0,\frac{y_G}{R}=\frac{1}{2}\frac{2\beta H}{l}(\eta_B l_1+2l_2) \tag{4-60}$$

叶片的张力比可表示为

$$\left(\frac{T}{T_0}\right)_{\max}=\frac{\sqrt{(1-\zeta_B)^2+\eta_B\beta^2}}{1-\zeta_B} \tag{4-61}$$

式中　T——叶片张力；

T_0——材料极限承载力。

其中，叶片张力最大值 T_{max} 发生在叶片与垂直轴相交处

$$T_{max}=\frac{\sigma R\omega^2(l_1+l_2)}{\sin\delta_1} \tag{4-62}$$

最大张力系数 $(C_{TS})_{max}$ 为

$$(C_{TS})_{max}=\frac{T_{max}}{\sigma R^2\omega^2}=\frac{1}{2H}\cdot\frac{l}{\beta\sin\delta_1} \tag{4-63}$$

3. 悬链线型叶片

假设一材质均匀、截面相同的完全柔性绳索，将其两端悬挂于 A 点和 B 点，在只有重力作用形成的线型称为悬链线，悬链线曲线如图 4－8 所示。

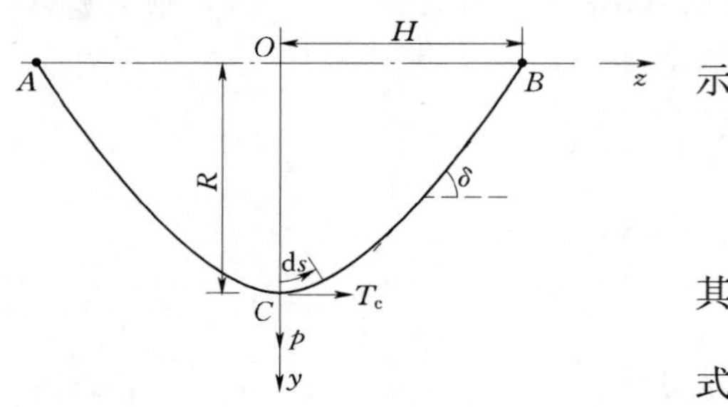

图 4－8　悬链线曲线

悬链线型叶片截面受力平衡微分方程可表示为

$$\frac{d\boldsymbol{T}}{ds}+\boldsymbol{p}=0 \tag{4-64}$$

其中

$$ds=\sqrt{1+\left(\frac{dy}{dz}\right)^2}dz$$

式中　$\boldsymbol{T}$——叶片张力；

ds——叶片某微元段弧长；

$\boldsymbol{p}$——叶片单位长度上的荷载。

将式（4－64）分别沿 y 方向和 z 方向投影，可得

$$\begin{cases}\dfrac{d}{ds}\left(T\dfrac{dy}{ds}\right)+p=0\\ \dfrac{d}{ds}\left(T\dfrac{dz}{ds}\right)=0\end{cases} \tag{4-65}$$

消去式（4－65）中的张力 T 可得

$$K\frac{d}{ds}\left(\frac{dy}{dz}\right)=-p \tag{4-66}$$

式中　K——常数。

式（4－66）还可以写成

$$\frac{\dfrac{d^2y}{dz^2}}{\sqrt{1+\left(\dfrac{dy}{dz}\right)^2}}=-\frac{p}{K} \tag{4-67}$$

令 $a=p/K$，$dy/dz=\sinh u$，对式（4－67）积分可得

$$\begin{cases}u=-az+C_1\\ \dfrac{dy}{dz}=\sinh(-a+C_1)\\ y=-a\cosh(-z/a+C_1)+C_2\end{cases} \tag{4-68}$$

引入边界条件

$$\begin{cases} \dfrac{dy}{dz}\Big|_{z=0}=0 \\ y|_{z=H}=0 \end{cases} \tag{4-69}$$

确定积分常数 C_1、C_2，即

$$\begin{cases} C_1=0 \\ C_2=a\cosh\dfrac{H}{a} \end{cases} \tag{4-70}$$

由此，可得悬链线方程为

$$\eta=2\frac{\zeta_0}{\beta}\sinh\left(\frac{1+\zeta}{2\zeta_0}\right)\sinh\left(\frac{1-\zeta}{2\zeta_0}\right) \tag{4-71}$$

式中　β——径高比。

式（4-71）中，$\zeta=z/H$，$\zeta_0=a/H$，$\eta=y/R$。

对于 C 点，$\eta=1$，$\zeta=0$，将其代入式（4-71）可确定径高比 β 与常数 ζ_0 的关系为

$$\beta=\zeta_0\left(\cosh\frac{1}{\zeta_0}-1\right) \tag{4-72}$$

对于给定的径高比 β 值，可由式（4-72）计算出 ζ_0 值。悬链线曲率半径 γ 为

$$\gamma=\frac{\left[1+\left(\dfrac{dy}{dz}\right)^2\right]^{\frac{3}{2}}}{\dfrac{d^2y}{dz^2}}=\frac{\cosh^3\dfrac{\zeta}{\zeta_0}}{\dfrac{1}{\zeta_0 H}\cosh\dfrac{\zeta}{\zeta_0}} \tag{4-73}$$

悬链线型叶片长度 l 表达式为

$$l=2\int_0^1 ds=2\zeta_0 H\sinh\frac{1}{\zeta_0} \tag{4-74}$$

其无因次形式为

$$\frac{l}{2H}=\frac{a}{H}\sinh\frac{H}{a}=\zeta_0\sinh\frac{1}{\zeta_0} \tag{4-75}$$

具有垂直对称轴的悬链线形状转子扫略面积 A 为

$$A=4\int_0^H y(z)dz=4\zeta_0 H^2\left(\cosh\frac{1}{\zeta_0}-\zeta_0\sinh\frac{1}{\zeta_0}\right) \tag{4-76}$$

其无因次形式为

$$\frac{A}{l^2}=\frac{\dfrac{1}{\zeta_0}\cosh\dfrac{1}{\zeta_0}-\sinh\dfrac{1}{\zeta_0}}{\sinh^2\dfrac{1}{\zeta_0}} \tag{4-77}$$

对于密度均匀的叶片，其悬链线重心在 Oy 轴上，距原点 O 的距离 y_G 为

$$y_G=\frac{\dfrac{\sinh\dfrac{2}{\zeta_0}-\dfrac{2}{\zeta_0}}{4\sinh\dfrac{1}{\zeta_0}}-1}{\cosh\dfrac{1}{\zeta_0}-1}R \tag{4-78}$$

式中　R——赤道半径。

悬链线切线与水平方向夹角 δ 为

$$\delta=\arctan\left(\sinh\frac{\zeta}{\zeta_0}\right) \tag{4-79}$$

4. 抛物线型叶片

抛物线形状可由悬链线得到，如图 4-8 所示，设张力 $T_c \gg p$，则 $b=T_c/p$ 的值非常大。对 $\cosh\frac{z}{a}$ 按泰勒级数展开

$$\cosh\frac{z}{a}=1+\frac{1}{2!}\left(\frac{z}{a}\right)^2+\frac{1}{4!}\left(\frac{z}{a}\right)^4+\cdots \tag{4-80}$$

保留前两项，结合式（4-71）可得叶片抛物线方程为

$$y\approx R-\frac{z^2}{2b^2} \tag{4-81}$$

式中　R——赤道半径。

式（4-81）的无因次形式为

$$\eta\approx 1-\zeta^2,\zeta\in[-1,1] \tag{4-82}$$

其中，$\zeta=z/H$，$\eta=y/R$，式（4-82）即为抛物线方程。赤道处的曲率半径为

$$\gamma_C=\frac{1}{2\beta^2}R \tag{4-83}$$

式中　β——径高比。

抛物线型叶片长度 l 的无因次形式为

$$\frac{l}{2H}=\sqrt{1+4\beta^2}+\frac{1}{2\beta}\ln(2\beta+\sqrt{1+\beta^2}) \tag{4-84}$$

抛物线型叶片风轮扫略面积 A 为

$$A=\frac{8}{3}HR \tag{4-85}$$

式中　H——风轮 1/2 高度。

对于密度均匀的叶片，其抛物线重心在 Oy 轴上，距原点 O 的距离 y_G 为

$$y_G=\left(1-\frac{h_a}{h_b}\right)R \tag{4-86}$$

其中

$$\begin{cases} h_a=h^{\frac{3}{2}}-\dfrac{h^{\frac{1}{2}}}{8\beta^2}-\dfrac{1}{32\beta^4}\ln\left(\dfrac{1+h^{\frac{1}{2}}}{2h/R}\right) \\ h=1+\dfrac{1}{4}\beta^2 \\ h_b=\dfrac{2}{\beta}\cdot\dfrac{l}{2H} \end{cases} \tag{4-87}$$

悬链线切线与水平方向夹角 δ 为

$$\delta=\arctan[2\beta\zeta] \tag{4-88}$$

4.2 载　　荷

垂直轴风力机所受载荷情况非常复杂，若对风力机组载荷分析不充分，将造成机组不能

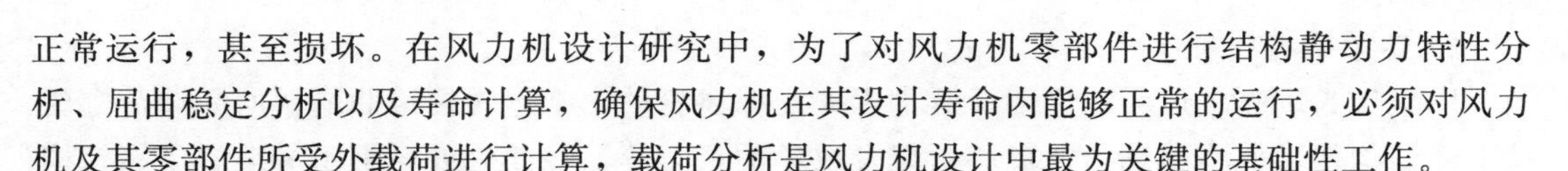

正常运行，甚至损坏。在风力机设计研究中，为了对风力机零部件进行结构静动力特性分析、屈曲稳定分析以及寿命计算，确保风力机在其设计寿命内能够正常的运行，必须对风力机及其零部件所受外载荷进行计算，载荷分析是风力机设计中最为关键的基础性工作。

4.2.1 载荷分类

根据风力机运行状态随时间的变化，可以将载荷状况划分为稳态载荷、循环载荷、瞬态载荷、随机载荷、共振激励载荷。在垂直轴风力机结构设计中应充分考虑以下载荷的影响，满足其相关需求。

1. 稳态载荷

稳态载荷是指在相当长的一段时间内载荷不发生明显变化，包括风轮静止和旋转状态。风轮静止时，均匀风速和重力作用在叶片上会产生静态载荷。当风轮旋转时，均匀风速与叶片的作用不仅会产生电机驱动力也会使叶片或其他部件产生稳定载荷。

2. 循环载荷

周期性载荷称为循环载荷，例如将风速在风力发电机风轮扫掠面内的变化而产生的叶片上周期性载荷，由此带动主轴旋转施加在轴承上的周期性载荷，循环载荷一般与疲劳寿命有关。

3. 瞬态载荷

瞬态载荷是指由于外部突发情况引起的瞬间作用，风力发电机组做出的即时响应，在响应中叶片及其他部件产生振动，但是振动不会持续太久。例如风轮刹车，叶片在惯性力作用下产生的应力变化。

4. 随机载荷

由于短时间内风速波动而引起的风力发电机叶片产生随机载荷，常见的引起随机载荷的原因是空气湍流，随机载荷只能通过概率分布来进行预测。由于叶片不是完全刚性的，所以随机的风力载荷会引起叶片以某种固有频率振动。

5. 共振激励载荷

风力发电机组易受到某些动态载荷激励，当这些动态载荷与叶片某一阶（甚至某几阶）固有频率一致或比较接近时，叶片结构将发生共振，这时一定的激励将会产生更大的响应，使叶片产生振动疲劳问题。

4.2.2 载荷来源

垂直轴风力机的载荷来源主要有风轮气动载荷、塔架载荷、重力载荷、离心力载荷、尾流效应、叶片附冰、叶片附雪等。进行结构设计时，应充分考虑常规载荷，如风轮气动载荷、塔架载荷、重力载荷、离心力载荷以及非常规气象条件下这些载荷以及附加载荷的影响。

1. 风轮气动载荷

在空气动力的作用下风轮绕立轴旋转并将风能转化成机械能。作用在风轮上的空气动力为风力机提供了动力，是风力发电的基本条件，同时也是风轮及各个零部件的最主要载荷来源。在计算叶片空气动力载荷时，通常根据叶素理论和动量理论进行分析。

2. 塔架载荷

塔架作为垂直轴风力机主要承重部件，支撑风轮的正常运转，因此塔架所受载荷主要是上部结构传递的空气动力、离心力以及风轮的重力等，除此之外，由于塔架属于高耸构筑物范畴，所以作用在其上的风荷载也是影响结构安全的重要荷载。

3. 重力载荷

重力载荷包括风轮自重、塔架自重、基础自重、附属设施自重、发电机自重、电器元件自重、传动系统自重、基础上的土重、土压力等。

4. 离心力载荷

风轮绕轴旋转时会产生离心力载荷，它作用在翼剖面的重心上。横杆是与叶片直接相连的构件且为结构薄弱点，因此在计算离心力荷载作用时，主要考虑离心力对横杆的作用。

5. 尾流效应

由于能量的转移，风经过旋转的风力机之后，流动情况发生了很大的变化：风速减小、湍流强度增加、出现了明显的风剪切层。垂直轴风力机上游叶片尾流将影响下游叶片，致使风力机功率下降，同时风速的减小还会使下游风力机的输出功率降低，尾迹附加的风剪切和强湍流会影响下游风力机的疲劳载荷、使用寿命和结构性能。经过一段距离之后，在周围气流的作用下，风速逐渐得到恢复。这就是风力机的尾流效应。在旋转风轮的影响下，风力机尾流中包含复杂的湍流结构。根据垂直轴风力机机型的不同，湍流结构也有相应差异。

6. 叶片附冰

在寒冷天气里，叶片附冰是降低风力发电机整体性能的最主要原因。风力机叶片的设计必须满足在极寒天气中附冰的运转叶片不产生损伤的要求。欧洲国家在严寒天气中最大程度地维持风机运转，以提升风力机吸收冬季丰富的风资源。叶片表面附着冰严重干扰叶片的气动性能。叶片表层附冰还会导致整个风轮质量分布不均匀，附冰产生的额外周期性离心力加剧了整机零部件的振动，缩短了风力机使用寿命。特别对于升力型垂直轴风力机而言，附着冰增加了叶片表面粗糙程度，增加了阻力系数，降低了升力系数。

7. 叶片附雪

雪花很容易附着于叶片表面，结冰后增加叶片表面粗糙程度，影响风力机气动性能。同时雪花的覆盖对整机的重力载荷和惯性载荷都有影响。另外，雪花可以进入空气流通的腔体内，积雪累积容易损毁电机部件。同时，雪花隔绝了齿轮箱内部空气流通，致使机舱内生热，对敏感部件产生危害。

4.3 材　　料

从叶片的制作工艺与材料形式上讲，垂直轴风力机与水平轴风力机相类似，大多数风力机叶片采用了蒙皮与主梁的构造形式，通过多步成型工艺制备，主梁以钢材为主，蒙皮用材因发展阶段及设计要求不同而有所变化。随着垂直轴风力机的广泛应用及研究深入，其已逐渐从水平轴风力机的研究中独立出来，出现了专门适用于垂直轴风力机的材料应用

方法。

4.3.1 选材原则

（1）兼顾完整与节约两方面需求，考虑包括材料成本、工艺成本（指工艺适应性、成形温度和压力、对辅助材料的要求）和维修成本在内的综合成本。

（2）出于批量生产的工业化需要，应尽量选用已有材料，谨慎推广新型材料，并以有可靠且稳定的供应渠道为优。

（3）由于垂直轴风力机叶片结构较之水平轴风力机更加多样，因此，所选材料应着重关注材料的工艺性（成形固化工艺性、机械加工性、可修补性等），以满足制造环节的适应性。

（4）所选材料应满足结构使用环境要求：

1）复合材料使用温度应高于结构最高工作温度，在最恶劣的工作环境条件（如湿/热）下，其力学性能不能有明显下降，在长期工作温度下性能应稳定。

2）具有适当的韧性，对外来冲击和分层等损伤不敏感。

3）具有较高的开孔拉伸和压缩强度，较高的连接挤压强度。

4）耐自然老化、砂蚀、雨蚀等方面性能良好。

5）环境保护要求的投资费用小。

4.3.2 传统材料

1. 木结构

较早被用于风力机叶片制造的材料之一，近代主要用于微、小型风力机，偶见有大、中型风力机用强度较高的整体方木做纵梁来承担力和弯矩，很少用做叶片制造。木制叶片不易扭曲，因此常设计成等安装角叶片，整个叶片由几层木板粘压而成，与支撑杆连接处采用金属板做成法兰，通过螺栓连接。叶片肋梁木板与纵梁木板用胶和螺钉可靠地连接在一起，其余叶片空间用轻木或泡沫塑料填充，用玻璃纤维覆面，外涂环氧树脂。

2. 铝合金

铝合金等弦长挤压成型叶片具有重量轻、易于制造、可连续生产、造价低廉、工艺性好的优点，可以根据设计要求进行扭曲等形态加工，叶片与支撑杆通过焊接或螺栓连接来实现。较适合用于垂直轴风力机这类结构与工艺要求并不苛刻的中小型风力机叶片的制造。一个典型的设计是采用主梁蒙皮式，表面材料为铝合金，主梁采用单向承载能力强的硬铝材料，叶片空心处用聚氨酯泡沫材料填充。

3. 钢梁玻璃纤维蒙皮

风力机叶片在近代有采用钢管或D型型钢做纵梁，钢板做肋梁，内填泡沫塑料外覆玻璃钢蒙皮。但此类叶片常见于大型风力机的设计中。

4. 高分子复合材料

复合材料风力机叶片一般采用玻璃纤维或碳纤维与树脂复合制备，所用主要材料体系包括各种增强材料、基体材料、夹层泡沫、胶黏剂和其他辅助材料等。其加工制造工艺一般是在各专用工具上分别成型叶片蒙皮、主梁、腹板及其他部件，然后在主模具上把这些部件胶结组装在一起，合模加压固化后制成整体叶片，它将树脂、芯材、胶黏剂、涂料、密封胶带等高分子材料的先进技术和卓越性能融为一体，形成高端的复合材料综合成型体，是复合材料应用的典范。

4.3.3　新型材料

垂直轴风力机以设计功率在 20kW 以下的中小型风力机为主，相对于大型水平轴风力机，自重及载荷较小，因此对结构强度的要求也就相对降低了，完全可以采用相应的替代材料代替玻璃纤维作为加强材料。对此，国内外研究者都有新的研究成果：

（1）人们在传统叶片材料中寻找被大型风力机叶片淘汰掉的具有轻质、易造的环保替代材料，并且已有采用杉木、竹片等材料制成环保型风力发电机叶片的相关报道。

（2）在现有主流复合材料技术的基础上对纤维增强材料进行改良也是一种思路，例如，天然速生植物的韧皮纤维（如亚麻、剑麻、大麻、黄麻、苎麻等纤维）具有很高的强度和模量，且价格便宜，来源广泛，是可再生资源，加工过程中无污染，容易进行处理，是绿色环保材料，已经在汽车等工业上作为复合材料的加强材料得到应用。这类天然纤维密度小，强度、模量高，与玻璃纤维的机械性能相当，两种纤维机械性能比较见表 4-2。因此，天然纤维完全可以替代玻璃纤维作为小型风力机叶片复合材料的加强材料。

表 4-2　玻璃纤维与天然纤维的机械性能比较

性能	E-玻璃纤维	大麻纤维	黄麻纤维	苎麻纤维	剑麻纤维	亚麻纤维	竹纤维
拉伸强度/MPa	2400	550～900	400～800	500	600～700	800～1500	441
E-模量/GPa	73	70	10～30	44	38	60～80	35.9
比模量/m	29	47	7～21	29	29	26～46	44.9
比强度/（$m^2 \cdot s^{-2}$）	941	371～608	274～548	333	451～526	571～1071	551
延伸率/%	3	1.6	1.8	2	2～3	1.2～1.6	

4.4　设　计　标　准

风电技术标准可以为风电机组设计、生产活动进行有效地规范，可以为科学研究与产业化搭建桥梁，为产业升级和结构优化提供支撑，为促进贸易和统一市场创造条件，为国际竞争提供手段。但是，目前专门针对垂直轴风力机的标准较少，垂直轴风力机设计大多借鉴水平轴标准。

4.4.1　国际电工委员会标准

国际电工委员会（International Electrotechnical Commission，IEC）于 20 世纪 90 年代末推出了 IEC 系列国际标准，它整合了各国与各主要风力机设备生产企业的风电规范制度，宏观地对风力机的设计、制造及运营等环节进行了规范，目前已成为世界上最权威的风电标准体系。该标准严格规定了所有的风力机组设计要求来保证风力机整体结构完整可靠性，它将设计、制造技术提升到较高水平以保证风力机组在预定使用寿命期间内抵抗

各种严酷的自然环境。IEC标准从首次制定以来共进行三次修正更新，完善了载荷简化计算方法，增加了气弹模型选项用于载荷计算及其注意事项，系统地说明了测试要求，并补充了复杂风况条件的应用。目前该委员会已经制定并颁布的标准见表4－3。该标准体系涵盖了风力机设计、检测等多个方面。这些IEC标准作为参考文件正用于每个国家认证设计和试验之中。

表4－3 国际电工委员会风力发电相关标准

序号	标准编号	名 称
1	IEC WT01：2001	《风力机组 合格认证 规则和程序》
2	IEC 60050－415：1999	《电工术语 风力机组》
3	IEC 61400－1：2005	《风力机组 第1部分：设计要求》
4	IEC 61400－2：2006	《风力机组 第2部分：小型风力机设计要求》
5	IEC 61400－3	《风力机组 第3部分：海上风电机组设计要求》
6	IEC 61400－4	《风力机组 第4部分：齿轮箱设计》
7	IEC 61400－5	《风力机组 第5部分：风轮叶片》
8	IEC 61400－11：2002	《风力机组 第11部分：噪音测量方法》
9	IEC 61400－12－1：2005	《风力机组 第12部分：功率特性试验》
10	IEC 61400－13：2001	《风力机组 第13部分：机械载荷测量》
11	IEC 61400－14：2005	《风力机组 第14部分：声功率级和音值》
12	IEC 61400－21：2001	《风力机组 第21部分：电能质量测量和评估方法》
13	IEC 61400－23：2001	《风力机组 第23部分：风轮叶片全尺寸构造试验》
14	IEC 61400－24：2002	《风力机组 第24部分：防雷保护》
15	IEC 61400－25－1：2006	《风力机组 第25－1部分：风电场监控通讯-原理和模式综述》
16	IEC 61400－25－2：2006	《风力机组 第25－2部分：风电场监控通讯-信息模式》
17	IEC 61400－25－3：2006	《风力机组 第25－3部分：风电场监控通讯-信息交换模式》
18	IEC 61400－25－5：2006	《风力机组 第25－5部分：风电场监控通讯-一致性试验》
19	IEC 61400－25－4：2008	《风力机组 第25－4部分：风电场监控通讯-通讯轮廓设计》
20	IEC 61400－26	《风力机组 第26部分：风力机组的时效性》
21	IEC 61400－27	《风力机组 第27部分：风力机电气仿真模型》
22	IEC 60076－16	《风力机组变压器》

IEC 61400－2：2006标准是专门针对小型风力机设计而制定的规范。该标准由小型风力发电机组生产企业、科技研究人员、政府相关机构和小型风力发电机组用户共同参与制定，涉及安全原理、质量保证、工程完整性和特定的要求，包括设计、安装、维修和特定外界条件下的运行，目的是向用户提供可靠的风力发电机组性能评定方法，用来验证小型风力发电机组的品质是否满足标准要求。被评估风力发电系统包括风轮、机组控制部分、逆变器、配线、断电保护以及安装和使用说明。标准适用范围包括：

（1）并网和离网型小型风力发电机组。

（2）风轮扫风面积小于200m^{2}的风力发电机组。

在垂直轴风力机设计过程中应用 IEC 标准时，需要注意以下几点：

(1) IEC 61400－2：2006 标准是建立在水平轴风力机设计基础之上指导小型风力机设计的，因此技术要求可能存在与垂直轴风力机设计不相匹配的情况。

(2) 标准对风力机荷载的规定同样基于水平轴风力机荷载计算方法，垂直轴风力机设计只可借鉴使用，不能生搬硬套。

(3) 该标准对于尾流及涡旋模型的规定仍需待后续补充。

4.4.2　典型国家风电标准、检测及认证

对于垂直轴风力机的设计而言，IEC 61400－2：2006 标准起到了规范和指导的作用，各国普遍以 IEC 系列标准为蓝本，制订了适应本国需求的小型垂直轴风力机设计规范。

4.4.2.1　丹麦风电认证体系

丹麦政府对于风电的认证工作给予高度重视，是世界上第一个倡导使用风力机技术质量认证和采用标准化系统的国家，并且至今仍在这一领域处于领导地位。

早在 1991 年，丹麦能源部就制定了《风力发电机组型式认证准则》(DS 472)，该规定以及 1992 年颁布的能源部《统一法令第 837 号》成为丹麦风电认证体系的基础。该法规规定只有通过能源部指定的认证机构认证的风电设备，才能获得国家补贴。随着丹麦国内风电产业逐步成熟，丹麦政府逐步降低直至取消了直接针对风电设备的补贴，当补贴政策结束后，风电设备的认证转为强制性认证，没有通过严格的安全和质量检测的风力机不能安装使用，没有获得指定机构认证的设备不能销售。

丹麦构建了完整的风电认证管理体系，由认证顾问委员会、认证技术委员会和秘书处组成，其中的顾问委员会包含了丹麦风机制造商协会、丹麦风机组织、丹麦小型风机制造商贸组织、丹麦电力公司、丹麦能源局以及丹麦保险联合会等 6 家机构。

丹麦 RISOE 国家实验室自 20 世纪 70 年代以来，为丹麦风电引领世界发展打下了坚实的基础，其确定的风电机组标准也是国际电工委员会标准建立的基础。RISOE 还促进技术的推广和向企业的转移，将基础性研究和产业化相结合，将各种领先的研究成果转化为实际的生产力，其拥有的先进实验设施既服务于自身开展基础型研究工作，也按照商业化运行模式为国内外风电整机和零部件研制企业提供检测和测试服务，有力地促进了 Vetas、Bonus 等丹麦风电企业的腾飞。

4.4.2.2　德国风电认证体系

德国是世界风电强国，自 1998 年起连续 11 年风电装机容量居于世界首位。作为风电强国，德国在风电机组标准、检测及认证体系建设方面也处于前沿水平。德国风力机组验收是按照“建筑管理法规”进行的。德国劳式船级社 (Germanischer Lloyd，GL) 早在 1979 年就开始了风力发电的研究。目前 GL 的《风力机组认证技术规范》(GL 2010) 为世界很多国家及机构所广泛认可，该规范以 IEC 标准为基础，对其进行细化，增加了可操作性，并兼顾了 DIBT 的相关规定。

4.4.2.3　荷兰风电认证体系

荷兰是世界上最早进行风电技术研究的国家之一，其装机规模一直不大，截至 2008 年，其风电装机容量为 223 万 kW，在欧洲国家中排名第 8。荷兰有世界知名的荷兰能源

研究中心（Energy Research Centre of the Netherlands，ECN），其专门的风能研究部门成立于1995年。目前ECN拥有5台Nordex的N80－2.5MW试验机组，这5台机组有不同的测试目的。荷兰政府规定在荷兰安装的风力机组必须具备依照荷兰标准进行认证的型式认证证书。早在1991年，荷兰就制定了认证标准，于1996年修订。在IEC 61400－1的基础上，荷兰能源部门又颁布了《风力发电机组》（NVN11400/0）并在1999年推行实施。其中，增加了材料、劳工安全、安全系统和型式认证流程的细节规定。目前适用的荷兰标准为1999年颁布的《风力机组第0部分：型式认证技术条件》（NVN11400－0）。该标准基于IEC 61400－1，并针对荷兰本国实际情况对IEC的部分内容进行了修改及补充。

4.4.2.4 美国风电认证体系

1994年以前美国没有风力发电的认证机构，基本没有开展相关认证工作。随着近年来风力发电在世界范围内的飞速发展，美国能源部意识到今后风电工业的重要性以及巨大的市场空间。所以在1994年启动了以振兴美国风电工业为目的的“保障美国风能技术在全球市场的竞争力”计划。

这项计划中有一项就是要建立美国自己的认证机构，为美国风力发电提供认证服务。这项工作由美国能源部牵头并予以资助，具体由美国国家可再生能源实验室（National Renewable Energy Laboratory，NREL）、美国风能协会（American Wind Energy Association，AWEA）、美国保险商实验室（Under writer Laboratories Inc.，UL）和美国国内的风力发电企业等共同参与完成。他们的认证工作均采用IEC标准作为认证的依据。

在垂直轴风力机认证方面，主要贯彻实施的是美国风能协会《小型风力发电机运行和安全标准》（AWEA 9.1—2009）以及与之相关的标准，如关于逆变器的电气与电子工程师协会（IEEE 1547/UL 1741）标准、与电控有关的UL标准以及和塔架安全性设计有关的标准。

4.4.2.5 英国风电认证体系

英国是最早开发先进的海上风电的国家之一。英国被认为拥有欧洲最好的风力资源，然而直到2002年，英国从德国购买DeWind公司，才算真正拥有一个有一定规模的风机制造厂商。英国风能协会（British Wind Energy Association，BWEA）《小型风力发电机组运行和安全标准》与美国风能协会《小型风力发电机运行和安全标准》相似，也是基于IEC 61400－2的。与《小型风力发电机组运行和安全标准》（BWEA 2.29—2008）在认证中同时贯彻实施的还有《关于小型风力发电机组供应、安装和验收标准》（MIS－3003）和《工厂生产控制要求》（MCS－010）。该系列标准核心内容是，首先风力发电机生产的质量保证体系进行核查，包括对关键部件的额外检查，随后是每年的审查以维持认证，旨在保证从工厂生产出来的产品始终与设计参数保持一致。

4.4.2.6 印度风电认证体系

印度在历史上并没有认证制度，进口的风电设备只要有欧洲的认证证书即可在国内销售。在出现多起风机故障和事故后，政府意识到国外的认证并不能满足国内的环境条件要求，于是决定建立自己的认证体系。印度风能技术中心（Centre for Wind Energy Technology，C－WET）位于印度第四大城市——钦奈，其成立目的是建立风电国家检测和认证设施、制定标准和认证规范，以促进和加速印度的风能利用步伐以及支持印度正在发展

的风电产业。其具体策略是建立一个具有履行上述职责技术能力的独立机构。

4.4.2.7　我国风电认证体系

我国的风电认证体系虽然起步晚，但技术水平提升快，目前已初步建立了一套较完善的风电认证体系。根据我国低风速、高海拔、台风地区风电场开发的需求和这些地区的环境数据收集，我国制定了相应的低温机组、高原机组、台风机组的认证技术规范，推动了适应我国特殊环境条件的机组的技术开发工作，实现了技术创新。

在小型风力机认证方面，我国一向注重其研发与推广，并制订了与之相关的标准近 40 项，但这些标准大部分批准实施年份较久，2004 年或以前制定的约占 80%，且与国际类似标准脱节严重，多数标准难以适应垂直轴风力机的设计应用。我国小型风电标准编制滞后的问题阻碍了生产厂家对执行标准的积极性，暴露了我国中小型风力发电机组标准贯彻执行不力的缺点。随着国际和国内的小型风力发电产业的较快发展，尤其小型垂直轴风力机应用的发展，以及在国内发展较快的风光互补路灯发展的需求，推动了相关标准的出台。仅 2013 年就颁布了《小型风力发电机组设计要求》（GB/T 17646—2013）和《小型垂直轴风力发电机组》（GB/T 29494—2013）两项重要的小型垂直轴风力机标准。

近年来，中国台湾地区的小风电产业得到了极大的重视和较快的发展，尤其是在垂直轴小型风力发电机组的研发、生产和应用方面。台湾还制定了较优惠的小风电上网补贴政策，每千瓦时电给予 7.27 新台币的补贴。为了促进两岸中小风电产业的发展，大陆全国风力机械标准化技术委员会和台湾小型风力机发展协会方面合作，成立了标准工作组，进行两项关于垂直轴风力发电机组标准的制定，2013 年 10 月 1 日已经正式颁布实施了其中一项两岸共同标准《小型垂直轴风力发电机组》（GB/T 29494—2013）。

目前，我国已制定风电标准 60 余项，涵盖并网型风机标准和离网型风机标准，包括国家标准、行业标准、电力标准，内容涉及风机整机、零部件、设计、测试等多方面。其中，主要采用的标准大多同于 IEC 标准。

第5章　垂直轴风力机疲劳寿命

风力机工作时风轮往复旋转、流场特性及结构受力复杂，所承受的载荷具有交变性和随机性，致使风力机产生疲劳破坏。风力机的使用寿命主要取决于叶片、主轴、塔架及底座等零部件的疲劳寿命。因此，研究垂直轴风力机主要零部件的疲劳特性并进行抗疲劳设计，具有重要意义。

本章主要介绍风力机的疲劳问题及其影响因素，归纳了疲劳寿命分析方法和载荷谱的编制方法，总结了几种常用的抗疲劳设计方法。

5.1 疲劳特性

垂直轴风力机主要由叶片、主轴、发电机、刹车装置、塔架及底座等组成。对风力机进行疲劳分析的目的是确定各个零部件的疲劳寿命。风力机的疲劳寿命设计要求其主要零部件在一定使用期限内不发生疲劳破坏。

5.1.1 疲劳问题

1985年德国Teutoburger Wald的Bielsteinwei桅杆在风速不大的时候突然发生倒塌，事故的起因是纤绳节点平板外振动引起节点板的疲劳损伤，在寒冷条件下引起节点板的冷脆断裂而导致结构的破坏。类似的疲劳事故还有英国的Waltham桅杆结构在周期性载荷下螺栓破坏引起结构倒塌。大量桅杆倒塌事故研究报告表明，绝大多数结构破坏时的风速很低，说明由于载荷过大引起的失效并不多，多数是由于疲劳损伤引起结构失效。

垂直轴风力机作为桅杆—转子复杂结构系统，其结构的疲劳寿命和稳定性分析在其结构设计中非常关键。《风力发电机组设计要求》（JB/T 10300—2001）中明确规定对于风力发电机组必须进行疲劳和损伤容限分析。由此可见，风力机设计中疲劳特性计算分析非常重要。

垂直轴风力机疲劳问题主要可分为叶片的疲劳问题和其他零部件的疲劳问题两类。

1. *叶片的疲劳问题*

叶片是捕捉能量的主要零部件，一般用铝合金材料或玻璃钢制成，其制造成本占到整个风力机设备的20%～30%。叶片结构的强度和稳定性直接影响整体机组的效率，设计可靠的叶片是保证风力机组正常稳健运行的重要因素。由于作用在叶片上的载荷具有交变性和随机性，因而其振动的发生是必然的；同时，随机载荷引起风力机结构和控制系统的响应，作用在叶片上的气动力和力矩发生变化，使风力机产生疲劳破坏。研究表明，风力机叶片的使用寿命主要取决于疲劳寿命。因此，对叶片的疲劳分析受到普遍重视，国内外很多学者对此也做了深入研究并取得了较大的进展，技术已趋于成熟。

2. 其他零部件的疲劳问题

垂直轴风力机组中其他零部件包括主轴、刹车装置、塔架及底座等。由于风力机组中零部件的几何尺寸较大，形状也比较复杂，因此其制造过程一般采用铸造或焊接形式。在铸造和焊接过程中，零部件会不可避免产生砂眼等一些降低疲劳强度的缺陷，随着单机功率的不断增大，其几何尺寸也会增大，零部件中包含的影响其疲劳强度的缺陷也就越多。

5.1.2　影响疲劳强度的主要因素

风力机疲劳强度与其工作条件、零件状态、材料性质等有关，影响因素汇总见表5-1。主要因素有加载频率、材料、温度和湿度以及缺口效应。

（1）加载频率。在常温无腐蚀条件下，构件的疲劳寿命主要取决于其在循环荷载作用下处于高应力水平的时间以及加载频率。

（2）材料。例如，韧性较好的玻璃钢材料与普通的玻璃钢比较，其静拉伸强度没有提高，但是疲劳强度却有明显提高。一般来看，无纺连续纤维叠合层板比织造的玻璃布层板疲劳性能要好得多。

（3）温度和湿度。温度对材料影响非常显著，在高温和交变载荷相互作用时，疲劳性能对于材料的寿命均会产生很大的影响。此外，湿度较大会导致水分通过界面裂隙而侵入材料内部，从而对材料产生应力腐蚀作用，这些作用对低应力区接近疲劳极限附近影响较小，而对高应力区影响较大。

（4）缺口效应。静载时，各向异性的纤维增强复合材料与各向同性的金属材料相比，具有较大的缺口敏感性；但动载时却相反，复合材料对缺口的敏感性比金属低得多。

表 5-1　影响因素汇总表

工作条件	零件状态	材料性质
载荷特性	缺口效应	化学成分
加载频率	尺寸效应	纤维方向
服役温度	零件热处理	内部缺陷分布
环境介质	表面粗糙度	
	表面热处理	
	残余应力应变	

5.1.3　疲劳特性分析方法

疲劳分析包括载荷谱采集及进一步的统计分析、材料疲劳特性的试验、结构的应力分析、选择疲劳分析方法以及损伤模型，然后根据疲劳损伤理论进行寿命预测。疲劳分析基本流程如图 5-1 所示。疲劳分析方法主要有静态、动态、随机振动疲劳分析等方法，对于选定的问题，应依据结构所承受的载荷及其动态特性差异，判别并且选择正确的疲劳分析方法。如果结构的一阶固有频率大于 3 倍载荷频率，可采用静态疲劳分析方法，否则必须采用动态疲劳分析方法。理论上讲，随机载荷作用下的结构可以很方便地用时域信号表

达，并可以进行相应的动应力计算，但在时域内常需要非常长的信号记录去描述一个完整的随机载荷过程，进行时域中瞬态动力分析是非常困难的，针对这类问题，可以将随机载荷及响应信号用功率谱密度函数分类，将动态结构模拟成为一个线性传递函数，进而在频域内进行疲劳分析。

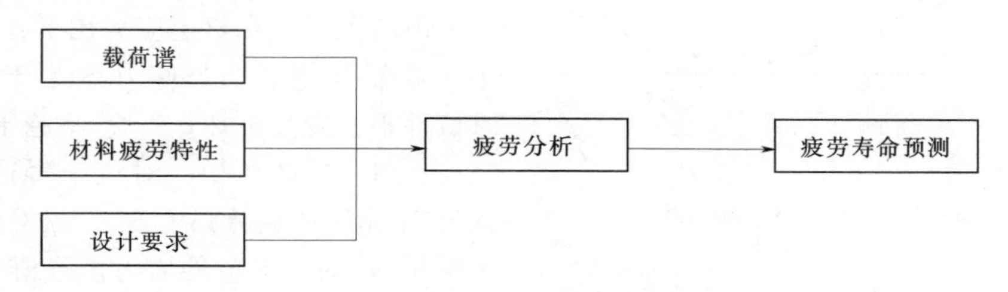

图 5-1 疲劳分析基本流程

疲劳分析的主要方法有名义应力法和局部应力—应变法。这些传统预测疲劳寿命的模型都以材料均匀连续为前提，以材料机械性能、最大主应力、应变幅等这些宏观指标来进行疲劳分析。

1. *名义应力法*

名义应力法是最早出现的一种疲劳寿命预测计算方法，它认定循环的应力是造成疲劳的原因，构件寿命为其断裂或者产生临界裂纹之前达到的全部应力循环次数。预测寿命之前，应该首先确定构件上的应力最大点。从有限元仿真分析和疲劳分析实验中可以知道，试件上的疲劳裂纹总是最早产生于应力的最大点位置，所以其寿命以这些点为计算基准。寿命预测的主要依据就是 S—N 曲线。

2. *局部应力—应变法*

传统的名义应力方法是以名义应力为基本设计参数进行疲劳寿命预测的，只适用于应力水平比较低的高周疲劳问题，当应力水平较高，零件的临界点发生局部屈服时，名义应力法计算结果与实际差值很大。局部应力—应变分析法假设零件疲劳破坏是从应变集中部位的最大应变处起始，且在裂纹萌生以前都要产生一定的塑性变形，局部塑性变形是疲劳裂纹萌生、扩展的先决条件。即决定零件疲劳强度和寿命的是应变集中处的最大局部应力应变。因此，只要最大局部应力应变相同，疲劳寿命就相同，所以应力集中零件的疲劳寿命可以用光滑试样的应变—寿命曲线进行计算，也可以使用光滑试样进行疲劳试验，避免大量的结构疲劳试验。名义应力法估算的是总寿命，而局部应力—应变法估算出的是裂纹形成寿命，因此局部应力—应变法常与断裂力学法联合使用。此外，局部应力—应变法只适用于有限寿命的寿命估算，不适用于无限寿命。

5.2 疲劳寿命分析方法

5.2.1 S—N 曲线法

材料的 S—N 曲线也称为伍勒（Wohler）曲线，它表示的是所施加的应力水平 S 和疲劳寿命 N 之间的关系曲线，可通过多种不同应力水平的疲劳试验而获得。通常情况下，

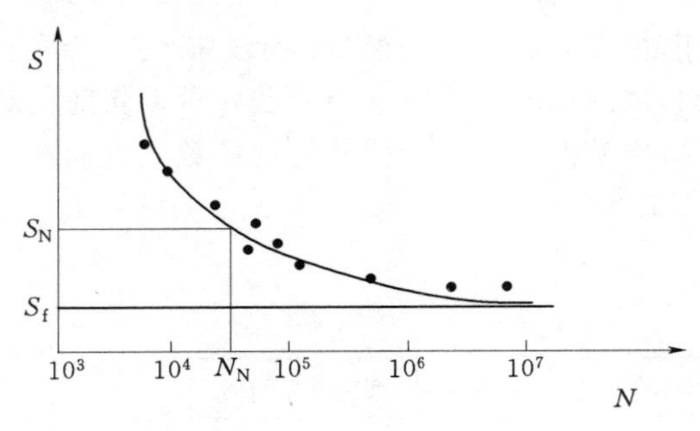

图5-2　材料的S—N曲线

用一组标准试件（通常7～10件）在给定应力比r下施加不同的应力幅进行疲劳试验，记录对应的寿命为N，即可得到S—N曲线，材料的S—N曲线如图5-2所示。

由图可知，在给定应力比下，应力S越小，寿命N越长，当应力S小于某一极限时试件不会发生破坏，寿命N趋于无限长。

在S—N曲线中，对应于寿命应力N_N称为N循环的疲劳强度S_N。当寿命N趋于无限长N_f时，对应的应力极限值S_f称为材料的疲劳极限。

由图5-2可知，试验数据点并非完全吻合光滑曲线，这与试验条件和材料自身属性有关。根据试验数据点分布，通常情况下疲劳寿命N的指数形式与应力水平S或应力水平S的指数形式呈线性关系。下面介绍几种比较经典的S—N曲线表达式函数。

5.2.1.1　幂函数形式

幂函数形式的S—N曲线表达式为

$$S^m N = C \tag{5-1}$$

式中　m，C——与材料性能、试件形式及加载方式等有关的参数，可由试验确定。

对式（5-1）两边取对数，则有

$$\lg N = \lg C - m\lg S \tag{5-2}$$

令$a=\lg C$，$b=-m$可得

$$\lg N = a + b\lg S \tag{5-3}$$

幂函数形式下的S—N曲线如图5-3所示，幂函数表达式表明在双对数坐标中$\lg S$和$\lg N$呈线性关系。

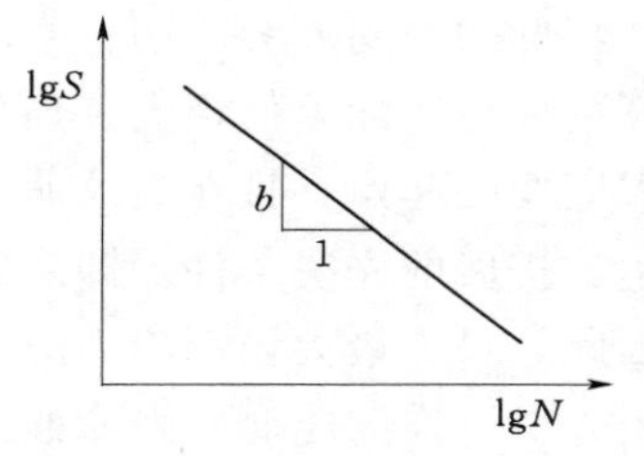

图5-3　幂函数形式下的S—N曲线

5.2.1.2　指数函数形式

指数函数形式的S—N曲线表达为

$$e^{mS} N = C \tag{5-4}$$

式中　m，C——相关参数。

对式（5-4）两边取对数，可得

$$\lg N = \lg C - mS\lg e \tag{5-5}$$

令$a=\lg C$，$b=-m\lg e$可得

$$\lg N = a + bS \tag{5-6}$$

指数函数形式下的S—N曲线如图5-4所示，指数函数表达式表明在单对数坐标中S与$\lg N$呈线性关系。

5.2.1.3　三参数函数形式

在预先知道材料的疲劳极限S_f的情况下，S—N曲线可表示为

$$S=S_f+\frac{C}{N^m} \tag{5-7}$$

式中 m，C——相关参数；

S_f——疲劳极限参数。

当应力 S 趋近于疲劳极限应力 S_f 时，寿命 N 趋于无穷大。

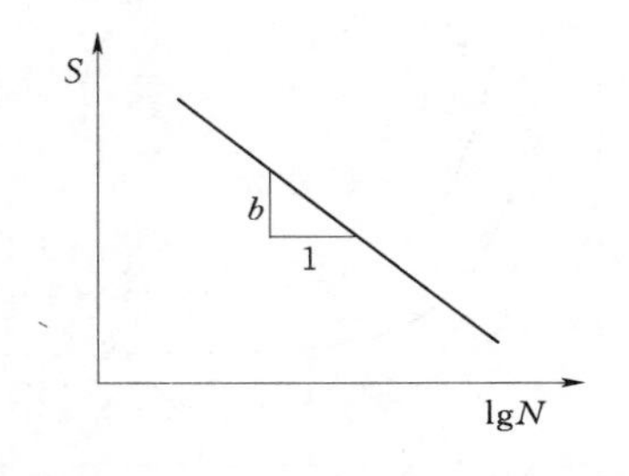

图 5-4 指数函数形式下的 S—N 曲线

5.2.1.4 其他 *S—N* 曲线表达式

1977 年美国学者 D. F. SIMS 提出了改进的指数表达式，表达式中的参数具有应力比 r 相关性，且参数由最小二乘法求得，即

$$N=\left(\frac{b}{S-a+cA^{-y}}\right)^{\frac{1}{x}} \tag{5-8}$$

$$A=\frac{1-r}{1+r} \tag{5-9}$$

式中 a，b，c，x，y——拟合参数。

1988 年，意大利学者 G. Caprino 提出了双参数，并考虑了强度下降的 $S-N$ 曲线表达式为

$$S_0-S=aS_{max}(1-R)(N^c-1) \tag{5-10}$$

式中 S_0——材料的初始强度；

a，c——拟合参数。

随后，澳大利亚学者 Epaarachchi，J. A 和 Clausen，P. D 将式（5-10）扩展为三参数形式，并将应力比 r 对纤维方向和实验频率因素考虑其中，即

$$S_0-S=aS_{max}(1-\psi)^{1.6-\psi|\sin\theta|}\left(\frac{S_{max}}{S_0}\right)^{0.6-\psi|\sin\theta|}\frac{1}{f^c}(N^c-1) \tag{5-11}$$

式中 ψ——应力比相关参数；

θ——主方向纤维角；

f——实验频率。

多数情况下，S—N 曲线被用来描述在横幅循环载荷作用下试件寿命，为了描述不同成活率 P 下的 S—N 曲线集，在疲劳寿命研究中引入了 P—S—N 曲线。该曲线给出了：

（1）在给定应力水平下失效循环次数 N 的分布数据。

（2）在给定有限寿命下的疲劳强度 S 的分布数据。

（3）无限寿命或 $N>N_f$ 的疲劳强度—疲劳极限的分布数据。

5.2.2 等寿命疲劳分析法

反映材料疲劳性能的 S—N 曲线，是在给定应力比 r 下得到的。当应力比 r 增大时，所表示的循环平均应力 S_m 也增大，当应力幅给定时，它们的关系为

$$S_m=\frac{1+r}{1-r}S_a \tag{5-12}$$

当循环应力幅值 S_a 恒定时，应力比 r 增大，平均应力 S_m 也增大，循环载荷中的拉伸

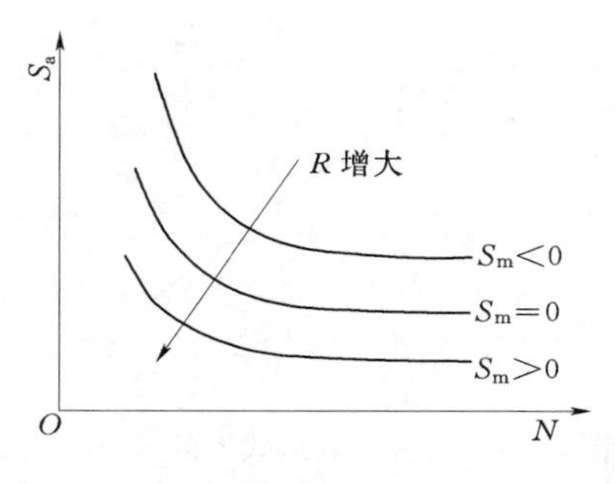

图 5－5　平均应力对 $S—N$ 曲线的影响

部分增大，这对于疲劳裂纹的萌生和扩展是不利的，将使得疲劳寿命 N_f 降低。

5.2.2.1　平均应力分析法

平均应力对 $S—N$ 曲线的影响如图 5－5 所示。

平均应力 $S_m=0$ 时，即 $r=-1$ 时 $S—N$ 曲线是基本曲线。当 $S_m>0$ 时，即拉伸平均应力作用时，$S—N$ 曲线向下移动。这表示在同样的应力幅作用下寿命下降，或者在同样寿命下的疲劳强度降低，对材料的疲劳性能不利；当 $S_m<0$ 时，在压缩平均应力作用下，$S—N$ 曲线向上移动，即在同样的应力幅作用下寿命增大，或者说在同样的寿命下疲劳强度提升，压缩平均应力对材料的疲劳性能有利。

5.2.2.2　$S_a—S_m$ 关系确立

当给定疲劳寿命 N 恒定时，循环应力幅值 S_a 和平均应力 S_m 的关系如图 5－6 所示。图中曲线为等寿命曲线，当寿命恒定时，平均应力 S_m 越大，对应的应力幅值 S_a 就越小。但是，S_m 不可能大于材料的极限强度 S_u。极限强度 S_u 通常以高强脆性材料的极限抗拉强度或延性材料的屈服强度来表示。

对于给定的疲劳寿命 N，$S_a—S_m$ 关系曲线还可以被表示成无量纲形式，如图 5－7 所示，这种图也被称作 Haigh 图。图 5－7 为某材料在疲劳寿命 $N=10^7$ 时的 $S_a—S_m$ 关系。对循环应力幅值 S_a 和平均应力 S_m 进行无量纲处理后，当 $S_m=0$ 时，S_a 就是 $r=-1$ 时的疲劳极限 S_{-1}；当 $S_a=0$ 时，载荷为静载，即 $S_m=S_u$，材料在极限强度下被破坏。

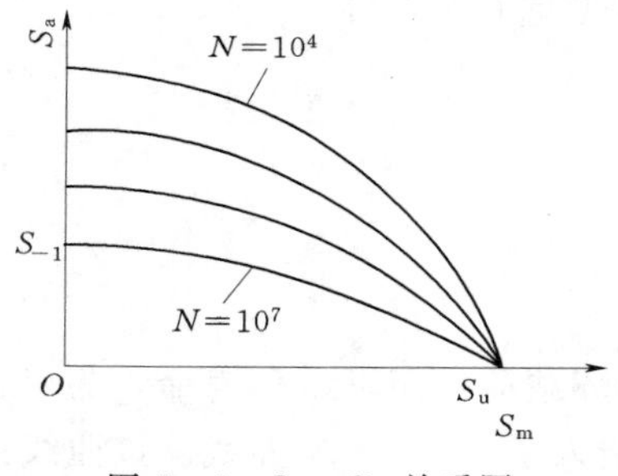

图 5－6　$S_a—S_m$ 关系图

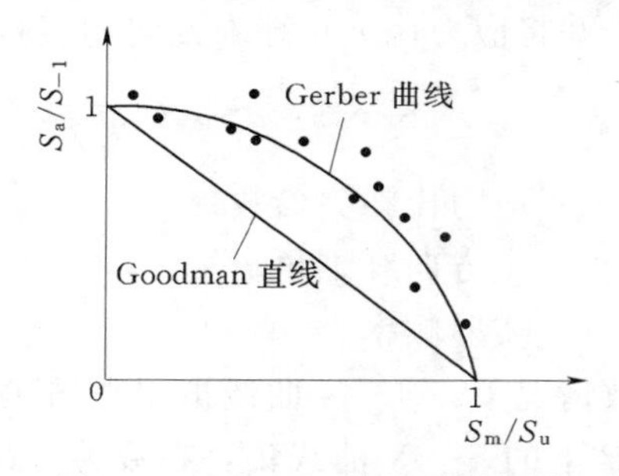

图 5－7　$S_a—S_m$ 关系无量纲图

因此，在恒定疲劳寿命的条件下，$S_a—S_m$ 的关系式为

$$\frac{S_a}{S_{-1}}+\left(\frac{S_m}{S_u}\right)^2=1 \tag{5-13}$$

式（5－13）所描述的图形为图 5－7 中的抛物线，又被称为 Gerber 曲线，数据点基本都在此抛物线附近。

图 5－7 中的直线为 Goodman 直线，其表达式为

$$\frac{S_a}{S_{-1}}+\frac{S_m}{S_u}=1 \tag{5-14}$$

由图 5－7 可见，基本上所有的试验点都在此直线上方。在既定寿命下，由此直线求

得的 S_a—S_m 关系是偏于保守的，故在工程设计中比较常用。

对于其他设定的疲劳寿命 N，只需将上面公式中 S_{-1} 换为 $S_{N(R=-1)}$，该值可由基本 S—N 曲线给出，即为 N 次循环寿命下对应的疲劳强度。

5.2.2.3 等寿命疲劳图（CLD）

现将图 5-5 中 S_a—S_m 关系以 Goodman 直线方式重新画出，S_{aB}—S_{mB} 与 r 的关系如图 5-8 所示。设任一过原点的射线 OB，其斜率为 k，根据图 5-8 所示，k 可表示为

$$k=\frac{S_{aB}}{S_{mB}} \tag{5-15}$$

应力比 r 可表示为

$$r=\frac{S_{min}}{S_{max}}=\frac{S_{mB}-S_{aB}}{S_{mB}+S_{aB}}=\frac{1-k}{1+k} \tag{5-16}$$

由式（5-16）和图 5-8 可得，每个过原点的射线，其斜率 k 和应力比 r 存在一一对应关系，即：

当 $k=1$ 时，射线偏角 45°，$r=0$，此时 $S_{mB}=S_{aB}$；

当 $k=\infty$时，射线偏角 90°，$r=-1$，此时 $S_{mB}=0$；

当 $k=0$ 时，射线偏角为 0°，$r=1$，此时 $S_{aB}=0$。

过 B 点作斜率 $k=1$ 直线的垂线 DC，交点为 A，设 AB 长度为 h，则 OB 的斜率为

$$k=\frac{S_{aB}}{S_{mB}}=\frac{OA\sin45°-h\sin45°}{OA\cos45°+h\cos45°}=\frac{OA-h}{OA+h} \tag{5-17}$$

由式（5-16），可得

$$r=\frac{h}{OA}=\frac{h}{AC} \tag{5-18}$$

由式（5-18）可以看出，CD 线可作为应力比 r 的坐标轴线，其中 A 点处 $r=0$；C 点处 $r=1$；D 点处 $r=-1$。其他的 r 值可在 CD 线上线性标定。对于式（5-18），当 $r=-1$ 时，为对称循环；当 $r=0$ 时，为脉动循环；当 $r<0$ 时，为拉压循环；当 $r>0$ 时，为拉拉或压压循环。

将图 5-8 逆时针旋转 45°后成图 5-9。

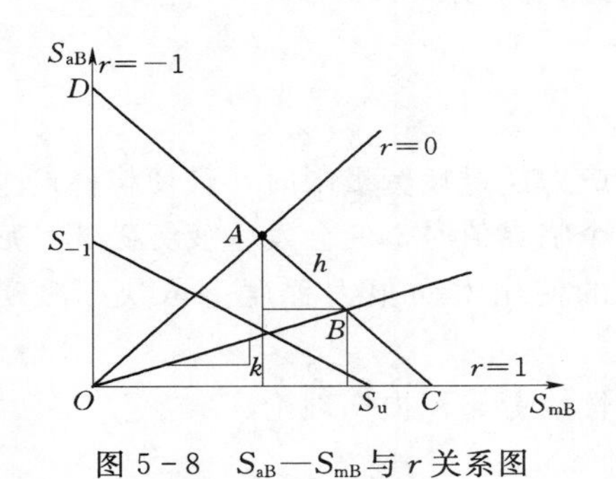

图 5-8 S_{aB}—S_{mB} 与 r 关系图

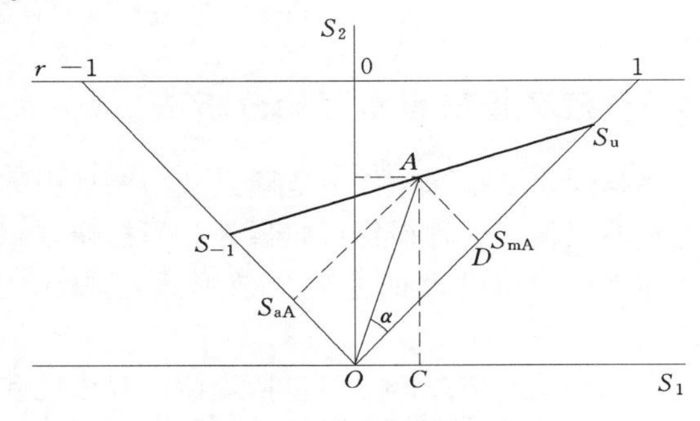

图 5-9 等疲劳寿命坐标

对图上任一点 A，则有

$$\begin{cases}\sin\alpha=\dfrac{S_{aA}}{OA}\\ \cos\alpha=\dfrac{S_{mA}}{OA}\end{cases} \tag{5-19}$$

进而，C 点坐标为

$$S_1 = OC = OA\sin(45° - \alpha) = \frac{\sqrt{2}}{2} OA\left(\frac{S_{mA} - S_{aA}}{OA}\right) = \frac{\sqrt{2}}{2} S_{min} \tag{5-20}$$

可见，旋转后坐标系中任一点横坐标为循环应力最小值 S_{min} 的 $\frac{\sqrt{2}}{2}$，即坐标轴 S_1 按 S_{min} 的 $\frac{\sqrt{2}}{2}$ 标定。同理，旋转后坐标系的纵坐标 S_2 按 S_{max} 的 $\frac{\sqrt{2}}{2}$ 标定。即所得图 5-9 为等寿命坐标图。

作为等寿命坐标图的经典应用，图 5-10 为 7075-T6 铝合金材料的疲劳寿命分布。从该图中可直接读出给定寿命 N 下的 S_a、S_m、S_{max}、S_{min} 和 r 等各种疲劳循环应力参数。同时在给定应力比 r 下，读取图中相应的射线与等寿命线交点的数据，可得到不同 r 下的 S—N 曲线。此外，利用图 5-10 可进行载荷间的等寿命转换。因此在工程设计中，对材料疲劳寿命进行预测和抗疲劳设计发挥了较好的作用。

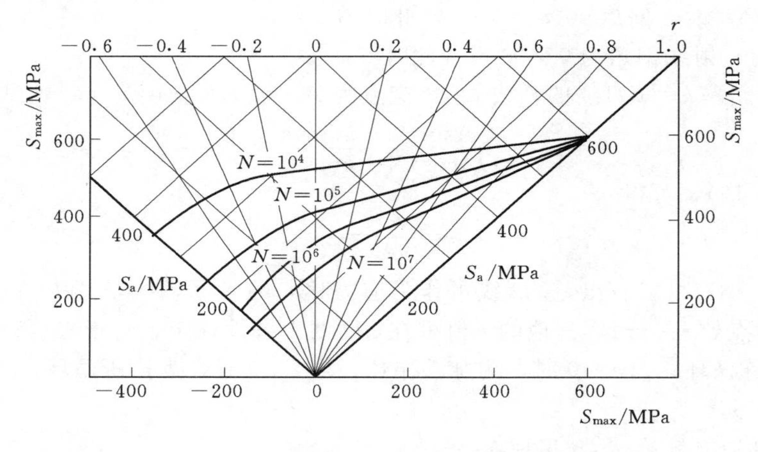

图 5-10　7075-T6 铝合金材料的寿命疲劳图

5.2.3　疲劳损伤累积理论分析法

累积损伤是指当构件上危险点应力循环中的最大应力超过疲劳极限时，会使构件产生一定量的损伤，这种损伤可以累计，当损伤累积到一个临界值时，便会发生疲劳破坏。疲劳破坏是风力机叶片的主要失效形式，风力机叶片的使用寿命很大程度上取决于疲劳寿命。

疲劳累积损伤理论主要包括线性、双线性和非线性疲劳累积损伤理论。

5.2.3.1　线性疲劳累积损伤理论

线性疲劳累积损伤理论认为构件在循环载荷作用下，其疲劳损伤与载荷循环次数呈线性关系，同时疲劳损伤能够线性累积，各个应力间互不相关，当损伤累积到一定数值时构件就会发生疲劳破坏，比较经典的线性累积损伤理论是 Miner 理论。

Miner 在 1945 年根据材料损伤时吸收的静功原理提出了线性累积损伤数学模型。该模型认为，构件在应力水平 S_1 作用下，发生疲劳断裂时的载荷循环次数为 N_1，此时材料

吸收的功为 W。在该应力水平下，载荷循环次数为 n_1（$n_1<N_1$）时材料吸收的功为 W_1，则有

$$\frac{W_1}{W}=\frac{n_1}{N_1} \tag{5-21}$$

同理，对任意应力水平 S_i（$i=1$，2，3，…）都有

$$\frac{W_i}{W}=\frac{n_i}{N_i} \quad i=1,2,3,\cdots \tag{5-22}$$

当构件经过 k 次应力幅值的改变发生疲劳破坏时，有

$$W_1+W_2+\cdots+W_k=W \tag{5-23}$$

进而有

$$\sum_{i=1}^{n}\frac{n_i}{N_i}=1 \tag{5-24}$$

此式即为线性累积损伤的基本方程，称为 Miner 线性累积损伤理论。

由于 Miner 理论形式简单，使用方便，因此在构件疲劳寿命设计与测试中得到广泛应用，且当载荷较小、材料韧性较高时不会产生较高的误差。可是在复杂载荷作用下，$\sum\frac{n_i}{N_i}$会随着加载顺序及载荷水平的不同而变化，因此人们对 Miner 理论进行了修正，修正的 Miner 法则的数学表达式为

$$\sum_{i=1}^{n}\frac{n_i}{N_i}=D_{cr} \tag{5-25}$$

式中　D_{cr}——临界损伤值，该值可由试验确定。

5.2.3.2　非线性疲劳累积损伤理论

1954 年，Marco 和 Starkey 提出基于损伤曲线法的非线性累积损伤理论，该理论将损伤定义为

$$D=\left(\frac{n}{N}\right)^{c_1} \quad c_1>1 \tag{5-26}$$

式中　c_1——与应力水平相关的常数，由试验确定。

该理论认为：

（1）不论载荷顺序，只要当损伤 D 达到 1 时就发生疲劳破坏。

（2）疲劳破坏时各应力水平下的循环数比值之和$\sum\frac{n_i}{N_i}$对应于临界值，该临界值由应力水平及应力顺序等因素决定。由于 c 很难被赋值，且该理论模型带有较大不确定性，因此不便于在工程中运用。

1956 年 Corten 和 Dolan 提出了一个比较实用的非线性累积损伤理论，该理论认为损伤核数量 m 只与应力水平有关，在给定应力水平作用下产生的疲劳损伤 D 可表示为

$$D=mkn^{c_2} \tag{5-27}$$

式中　c_2——常数；

m——损伤核数量；

k——损伤系数；

n——应力循环次数。

除了 Marco-Starkey 理论和 Corten-Dolan 理论外，还有很多学者做了有关非线性疲劳累积损伤理论方面的研究。

5.2.3.3　双线性疲劳累积损伤理论

Miner 理论及修正的 Miner 法则都没有将疲劳发展过程的阶段性考虑在内。1967 年，Manson 在 Miner 理论的基础上根据疲劳过程分为“裂纹形成”和“裂纹扩展”两个阶段提出了双线性累积损伤理论。他认为这两个阶段中累积损伤分别遵循不同的线性规律，令 N_0 为裂纹形成寿命，ΔN 为裂纹扩展寿命，N 为总寿命，则有

$$\Delta N = 14N^{0.6} \tag{5-28}$$

$$N_0 = \begin{cases} N - \Delta N = N - 14N^{0.6} & N > 730 \\ 0 & N < 730 \end{cases} \tag{5-29}$$

尽管该理论考虑了载荷的顺序效应，也符合损伤在不同阶段中的发展规律，但公式过于简单笼统，且两个阶段的分界点也不易确定，模型不便于直接应用于工程实际。

5.2.4　剩余强度理论

剩余强度理论最早由美国帕特森空军基地非金属材料研究所的 Whitney 和 Halpin 等人在研究金属疲劳寿命预测方法过程中提出。他们假设树脂基复合材料的损伤累积过程可以用类似于金属材料中主裂纹扩展的机理来构建数学模型模拟。尽管他们没有建立一个类似于金属的标准裂纹扩展方程，但他们得到了剩余强度随载荷循环数变化的方程。由于主裂纹假设应用到复合材料寿命预测上存在很大的缺陷，许多学者又重新提出了自己的剩余强度理论。

一般而言，剩余强度理论在以下三个假设的基础上建立起来：

(1) 材料的静强度服从一定的统计分布。如采用双参数 Weibull 分布拟合复合材料静强度分布试验数据，不仅可以得到满意的效果，同时在建立模型时也能简化理论推导的过程。此外也可以采用其他的统计分布类型，如三参数 Weibull 分布或对数正态分布等。

(2) 在恒幅应力作用下，剩余强度与循环次数及最大外加循环应力之间的关系可以用一个确定性方程来表示。

(3) 当剩余强度降低到最大循环应力（绝对值）水平时，就发生疲劳失效。

一个常用的剩余强度衰减模型为

$$S_r = S_{r-1} - (S_0 - S_{max})\left(\frac{n + n_{eq}}{N}\right)^C \tag{5-30}$$

式中　S_r——载荷 S_{max} 在 n 次循环作用后的剩余强度；

S_{r-1}——材料当前的剩余强度；

S_0——材料的初始强度；

S_{max}——载荷谱中最大载荷；

n——载荷 S_{max} 作用循环次数；

n_{eq}——载荷 S_{max} 作用后所达到与当前强度 S_r 等效的次数；

N——载荷 S_{max} 作用下材料失效的次数。

该模型表示，在恒幅疲劳载荷作用下，材料当前的强度与在静态测试下材料的初始强度无关，并且材料的失效是由于剩余强度不足以维持下一个施加在构件上的瞬间载荷导致的。在变幅载荷作用下，材料剩余强度需根据逐个循环载荷确定。由于大部分循环载荷具有不同的幅值 S_a 和均值 S_m，因此等效载荷循环次数 n_{eq} 需根据当前材料强度和名义疲劳寿命 N 确定。

值得注意的是，在式（5-30）中，虽然当前载荷循环中的幅值 S_a 和均值 S_m 没有被表明，但是它们已经隐含在循环次数 N 中，该循环次数可由等寿命疲劳图求得。因此等寿命疲劳图不论是在 Miner 线性理论还是剩余强度理论中都发挥重要作用。

式（5-30）中参数 C 表明了强度衰减特征：当 $C=1$ 时，表示强度线性衰减；当 $C<1$ 时，表示强度过早衰减；当 $C>1$ 时，即出现“突然死亡”现象，不同的强度衰减模型如图 5-11 所示。

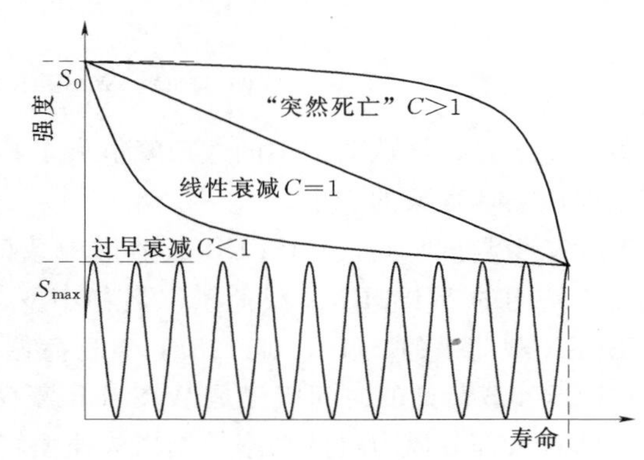

图 5-11　不同的强度衰减模型图

为了更准确地确定材料疲劳测试中参数 C 的值，需进行以下测试步骤：

（1）至少进行三种典型的试件疲劳测试，即拉—拉疲劳、压—压疲劳和拉—压疲劳测试。

（2）进行多种不同应力比 r 的材料拉、压剩余强度测试。

（3）进行多种应力水平的测试，即低应力—多次循环和高应力—少次循环测试。

（4）进行大量基本完全相同的材料试件测试，以满足方程中对数据的需求。

5.3 疲劳载荷谱

载荷谱也称为载荷时间历程，表示的是载荷循环随时间变化的分布。由于垂直轴风力机所受的疲劳载荷具有时变性、周期性和随机性，这使得确定作用于零部件上的随机疲劳载荷显得十分复杂。因此，准确分析和计算疲劳载荷，并编制合适的载荷谱，是风力机疲劳寿命预估的重要依据。

5.3.1 WISPER 标准载荷谱和衍生谱

WISPER 载荷谱编制于 20 世纪 80 年代，并用于测试风力机叶片材料和其他零部件。然而该载荷谱只用于对不同叶片之间进行比较测试，并不被用于产品的设计与认证。WISPER 载荷谱及其衍生谱如图 5-12 所示。

WISPER 载荷谱中用整数 1～64 表示载荷量程，每个载荷量程用转折点标注。因此，在整个 WISPER 载荷谱中共有 265423 个转折点，132711 个载荷循环。在实际应用中，载荷等级被设定成由－24 增至 39。图中水平线对应于载荷谱载荷等级的 0 值线，对应于载荷量程中的整数 25。根据需要，WISPER 载荷谱被乘某一系数来获得较大的载荷水平。

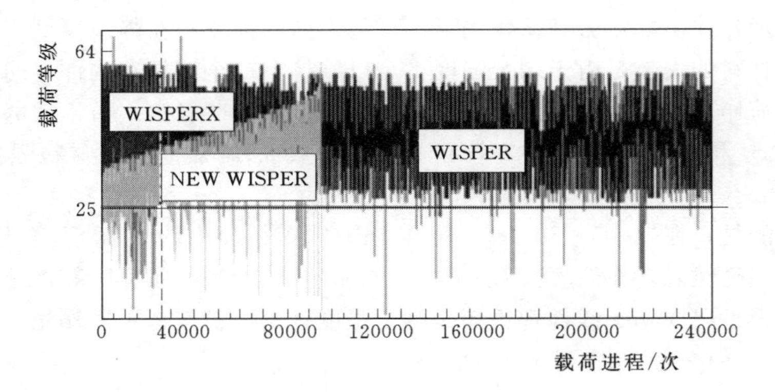

图 5-12　WISPER 载荷谱及其衍生谱

值得注意的是，该载荷谱中的载荷峰值大于其他应用的载荷谱。在测试和分析中，该峰值直接促使破坏现象的产生。

为减少测试时间，WISPER 载荷谱中载荷等级为 8 及以下的数据将被抹去，以便生成较为常用的 WISPERX 载荷谱（名称中罗马数字“X”表示该载荷谱中载荷循环数是 WISPER 载荷谱的 1/10，即 12831 个载荷循环）。如图 5-12 虚线隔离部位左侧所示，WISPERX 载荷谱的时间历程是 WISPER 载荷谱的 1/10。

随着大部分风力机的功率控制由失速型转为变桨距型，载荷谱的设计也逐渐跟上了风力机改进的步骤。一种新型载荷谱——NEW WISPER 也随即被提出，如图 5-12 中载荷谱灰色部位。

三个载荷谱的技术参数见表 5-2。

表 5-2　载荷谱技术参数

载荷谱	最小整数	最大整数	零应力对应整数	载荷循环数	平均应力比
WISPER	1	64	25	132711	0.394
WISPERX	1	64	25	12831	0.248
NEW WISPER	5	59	22	47735	0.213

5.3.2　其他载荷谱

荷兰国家航天实验室曾参与开发一系列航空相关的标准载荷谱，该系列载荷谱被广泛用于飞行器的疲劳分析与测试之中。该系列载荷谱列举如下：

(1) FALSTAFF 载荷谱。该载荷谱于 1975 年被制定出来，主要用于测试战斗机机翼根部疲劳损伤变化。

(2) ENSTAFF 载荷谱。该载荷谱颁布于 1987 年，其与 FALSTAFF 载荷谱类似，但是将环境影响因素考虑其中，例如，温度和湿度对载荷变化的影响。

(3) TWIST 载荷谱。该载荷谱是运输飞机的标准载荷谱，于 1973 年被制定出来。其精简版 MINITWIST 是运输飞机叶根部位载荷历程典型代表。

(4) Cold 和 Hot TURBISTAN 载荷谱。该载荷谱发布于 1985 年，被用于汽轮机叶

片冷气和热气部位的疲劳测试。

(5) Helix 和 Felix 载荷谱。该载荷谱制定于 1984 年，被用于测试直升飞机铰接部位和风轮半刚度部位的疲劳损伤情况。

5.3.3 载荷谱循环计数法

把一个随机的载荷时间历程简化成一系列的全循环或半循环，从而得到相应载荷幅值和循环次数的方法称为循环计数法。其实质是从构成疲劳损伤的角度出发，研究复杂的应力波形并记录某些量值的出现次数，最终对同类量值出现的次数进行累加。

常用的循环计数法可分为两类，即单参数计数法和双参数计数法。单参数计数法有穿级计数法、峰值计数法、量程计数法、程对计数法等；双参数计数法有程均计数法、过渡矩阵计数法、雨流计数法等。目前国内外广泛采用的是雨流计数法。

5.3.3.1 单参数计数法

单参数计数法只考虑载荷循环中的一个变量，直观简单但不够严密精确，既得不到载荷的频率变化信息，也没有载荷发生次序的信息。

例如穿级计数法，其原理如图 5-13 所示，以平均载荷为参考载荷，在参考载荷的上下设置一定的载荷水平，每次载荷时间历程曲线以正斜率穿过参考载荷及以上的载荷水平时计数一次，以负斜率穿过参考载荷以下的载荷水平时计数一次，当所有计数值已经确定时就可以组合载荷循环。

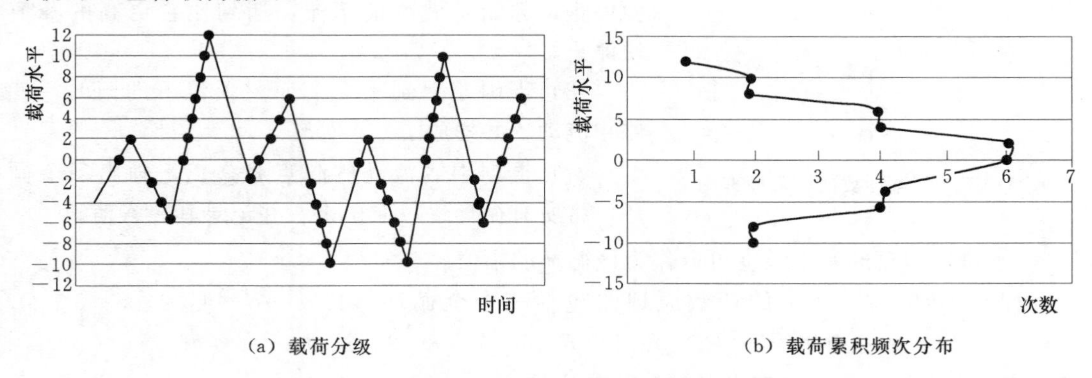

(a) 载荷分级　　(b) 载荷累积频次分布

图 5-13 穿级计数法

首先在所有的计数值中组合出最大的载荷循环，并消去此载荷循环所用到的计数值，然后在剩余的计数值中组合出最大的载荷循环，以此类推，直至用完所有计数值，穿级计数法形成的载荷循环如图 5-14 所示。

5.3.3.2 双参数计数法

双参数计数法可以记录载荷循环中均值和幅值两个参数，给出了循环的整个信息，是一种较好的计数方法。其中，雨流计数法是最典型的一种双参数计数方法，这种方法有充分的力学依据和较高的准确性，且容易编制程序，以借助计算机处理问题。

雨流计数法又称为“塔顶法”，是由英国工程师 Mat-suiski 和 Endo 提出的，距今已有 50 多年历史，它主要应用于工程领域，尤其在疲劳寿命计算中得到广泛运用。雨流计

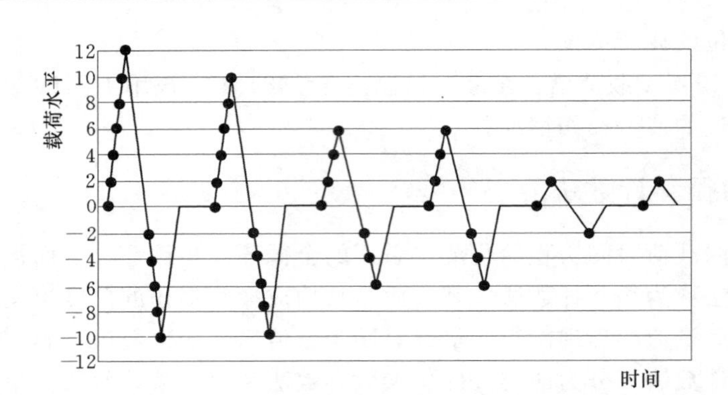

图 5-14　穿级计数法形成的载荷循环

数法的原理如下：

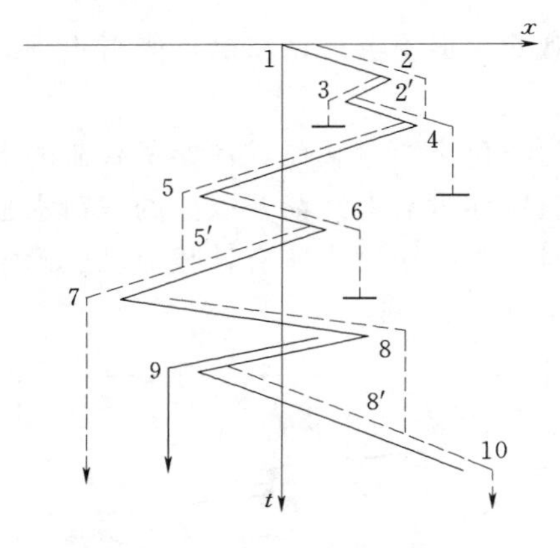

图 5-15　雨流计数法计数原理图

(1) 将载荷时间历程曲线顺时针旋转 90°，时间坐标轴竖直向下，雨流计数法计数原理如图 5-15 所示。将载荷历程看作多层屋顶，假设有雨流从峰值处（即从 1，2，3，…尖点）开始往下流，若无屋顶阻拦则雨滴反向继续流至端点。

(2) 起始于波谷的雨流，遇到比它更低的谷值便停止；起始于波峰的雨流，遇到比它更高的峰值便停止。

(3) 当雨流遇到来自上面屋顶流下的雨时，就停止流动，并构成了一个循环。

(4) 根据雨滴流动的起点和终点，画出各个循环，将所有循环逐一取出来，并记录其峰谷值。

(5) 每一雨流的水平长度可以作为该循环的幅值。

因此，图 5-15 所示的计数原理图包括三个全循环（1—2—2′—4，4—5—5′—7，7—8—8′—10）和三个半循环（2-3—2′，5—6—5′，8—9—8′）。

5.3.3.3　单参数计数法和双参数计数法的比较

单参数计数法只考虑载荷循环中的一个变量，直观简单，在工程上应用较多，但用单参数计数法对结构进行预测计算时丢失了一些如载荷的次序和中值等有价值的参数信息，因而不够严密和精确，相比较而言，双参数计数法可以记录载荷循环中的两个参量，因此是一种较好的计数方法。

5.4　抗疲劳设计方法

随着近年来对结构疲劳性能要求的不断提高，相应的结构设计方法也在不断发展，目前主要的抗疲劳设计方法有无限寿命设计法、安全寿命设计法、损伤容限设计法和耐久性设计法。

5.4.1 无限寿命设计法

无限寿命设计法是最早的抗疲劳设计方法，它要求结构在任何时候都不会因为疲劳问题而发生破坏。这种方法基于 $S—N$ 曲线的概念，提出结构的设计应力应低于其疲劳极限，从而具有无限寿命。但是在这种情况下结构所能承受的应力水平较低，其潜力得不到充分发挥，因此无限疲劳设计法就很不经济。

5.4.2 安全寿命设计法

安全寿命设计法要求结构在其设计寿命内不会发生疲劳破坏，即在规定的使用期限内能够安全使用，因此它允许结构的工作应力超过其疲劳极限。安全寿命设计法必须考虑安全系数，以考虑疲劳数据的分散性和其他未知因素的影响。在设计中可以对应力取安全系数，也可以对寿命取安全系数，或者规定两种安全系数都要满足。

5.4.3 损伤容限设计法

无限寿命设计法和安全寿命设计法是建立在结构材料没有初始缺陷的基础之上，而损伤容限设计法则认为结构材料内部不可避免地存在初始缺陷。这种方法将材料内部的初始缺陷视作细微裂纹，再应用断裂力学理论来估算其剩余寿命，并通过一定的安全措施和检修制度，确保在使用期内裂纹不会扩展至引起破坏的程度，从而保证结构能够安全使用。

5.4.4 耐久性设计法

耐久性设计法是将各种数学方法汇入抗疲劳设计方法之中，因此使用这种设计方法时除了需要结构工作应力与疲劳强度的平均值外，还需要知道分布类型。在确定了两者的分布类型并获得分布曲线后，根据分位数概念将疲劳破坏的概率限定在一定区间内。该设计方法考虑因素较前三种方法全面，因而其精度也最高。

以上各种抗疲劳设计方法，都反映了疲劳研究的发展与进步，但每种方法都有一定的适用范围。由于疲劳问题的复杂性，影响因素多，使用条件和环境差别大，因此各种方法之间不是互相取代，而是互相补充的。

第6章　新型垂直轴风力机

风电作为多学科交叉、技术密集型行业，其进步离不开创新。创新并不是无迹可寻的，依靠创新方法，可以更高效地提出创新方案。TRIZ 创新理论提供了一种解决技术问题的方法，将该理论应用于风力机的创新设计，对推动风力机的效率提升乃至整个产业的进步具有重要意义。

本章介绍 TRIZ 创新设计理论中的矛盾问题与解决方法，着重介绍升阻互补型风力机、带叶片变桨距支撑杆垂直轴风力机、双旋翼垂直轴风力机、磁悬浮风力机等新型垂直轴风力机。

6.1　创新设计理论概述

传统创新方法很多，如头脑风暴法、仿生联想法、试错法等，但大多数方法主要依靠直觉进行创新，导致创新存在发散性、不确定性。TRIZ 创新方法由基于历史、机械、哲学的方法构成，是在科学和工程原理以及大量已有创新应用和解决方案的基础上，对问题系统化的描述、分析和求解。本节简要介绍几种比较有代表性的传统创新方法，重点介绍适用于技术领域创新的 TRIZ 创新理论。

6.1.1　传统创新方法

20 世纪以来，出现了许多创新思维方法，例如头脑风暴法、焦点客体法、六顶思考帽法、核检表法等诸多积极创新思考的方法，并且依靠这些方法产生了一大批创新成果。这些方法同时也能与 TRIZ 理论很好融合，为创新提供很好的借鉴。

6.1.1.1　试错法

试错法一般就是通过不断尝试，对错误进行总结或者修正来完成创新。对于发明创造而言，从古至今，人们最常采用的就是试错法，但是作为创新方法，本身并没有什么规律可言，并且试错法常常是一条漫长之路，需要牺牲大量人力、物力，浪费许多不成功的样品。随着技术系统的复杂化，试错法创新可能需要通过成千上万次构建或改进复杂系统，越来越不适应时代的需求。

6.1.1.2　头脑风暴法

头脑风暴法（Brain Storming，BS）由美国 BBDD 广告公司副经理阿历克斯·奥斯本在 1938 年首次提出，最初应用于广告设计，体现为一种集体创造性思维。头脑风暴法是充分发挥集体创造性思维的一种创新方法，其中心思想是：激发每个人的直觉、灵感和想象力，让大家自由地思考，无论什么想法，都可以原原本本地讲出来，不必顾虑这个想法

是否“荒唐可笑”。头脑风暴的主要形式有很多，如个人的、双人的、多阶段的、分阶段的、想法研讨式、受控会议式等。

6.1.1.3 列举法

1. 缺点列举法

缺点列举法就是把已有事物的缺点一一列举出来，然后通过分析，选择其中一个或几个确定发明课题，制定改进或革新方案，从而获得创新的方法。一般应用于对原有事物的改进。

2. 希望点列举法

希望点列举法是和缺点列举法相对应的创造技法，罗列的是事物目前尚不具备的理想化特征，是研究者追求的目标。希望点列举法可以不必受原有事物基础的限制，可以从一无所有的前提下从头开始。从这点来看，希望点列举法是一种主动型创造技法，更需要想象力。

6.1.1.4 设问法

1. 和田 12 法

和田 12 法主要根据 12 个动词（加、减、扩、缩、变、改、联、学、代、搬、反、定）提供的方向去尝试创新，它由我国创造学研究人员根据上海和田路小学进行创造力开发工作的实践中总结出来的创造技法，是包括和田路小学师生在内的集体劳动的结晶。

2. 检核表法

核检法也是由头脑风暴法发明人奥斯本创立的有一种创新方法。核检表法的基本核心是根据一定的主题，将有关方面罗列出来，设计成表格形式，逐项检查核对，并从中选择重点，进行创新。核检法主要罗列的有 9 个方面的问题：能否改变、能否转移、能否引入、能否改造、能否缩小、能否替代、能否更换、能否颠倒、能否组合。

3. 5W2H 法

5W2H 法由第二次世界大战中美国陆军兵器修理部首创。该方法主要用 5 个以 W 开头的英语单词（Why、What、Who、When、Where）和 2 个以 H 开头的单词（How、How much）进行设问，从而发现解决问题的线索，进行设计创新，然后完成新的发明创新项目。

6.1.1.5 焦点客体法

焦点客体法由美国人温丁格特于 1953 年提出，目的在于创造具有新本质特征的客体。该方法主要将研究客体与各种偶然客体建立联想关系。

6.1.1.6 六顶思考帽法

六顶思考帽法是爱德华德波诺博士众多发明中最受企业家瞩目的一种思维模式，并成为流行于西方企业界的最有效的思维训练。它主要功能在于为人们建立一个思考框架，在这个框架下按照特定的程序进行思考，从而极大提高企业与个人的效能，降低会议成本，提高创造力，它提供了一种“平行思维”的工具，从而避免将时间浪费在互相争执上。

6.1.2　TRIZ创新理论

以苏联海军专利局审核员阿奇舒勒（Altschuller）为首的一批研究人员从1946年开始，通过从超过20万份的专利中选出具有代表性的4万份创新专利进行分析和深入研究，总结出技术发展进化的趋势规律，解决技术矛盾和物理矛盾的创新法则和原理，创建了发明问题解决理论（拉丁文 Teoriya Reshenija Izobreatatelskikh Zadatch，TRIZ）。TRIZ着重解决发明问题，并由解决发明问题而最终实现创新。本节主要介绍TRIZ理论中的矛盾问题与解决方法。

6.1.2.1　TRIZ适用范围

TRIZ理论中认为专利、发明可以分为5个等级，创新等级见表6-1，并针对等级2～等级4的专利深入研究总结出背后隐藏的规律。因此，通过TRIZ理论获得的专利或发明创造也处于等级2～等级4的范围，等级1因为仅是外观上的解决方案，几乎没有技术创新，所以不需要应用TRIZ理论，等级5属于新的发现，完全新的开创，从已有经验总结出来的TRIZ又无能为力。

表6-1　创新等级

等级序号	创新程度	所占专利比例/%	TRIZ适用范围
1	无技术创新	32	不适用
2	少量的改进	45	适用
3	根本性的改进	18	适用
4	新的原理	4	适用
5	全新发现	<1	不适用

6.1.2.2　矛盾问题与解决方法

矛盾是客观社会中普遍的一种存在，对矛盾的认识和解决是TRIZ理论中重要的组成部分。TRIZ理论中，矛盾分为物理矛盾、技术矛盾和管理矛盾，而TRIZ主要解决物理矛盾和技术矛盾。

物理矛盾指一个技术系统中，对同一个参数提出了相反的要求。

技术矛盾指改善技术系统的某一参数或特性时，引起系统中另一参数或特性的恶化从而产生的冲突。

1. 39个通用技术参数

阿奇舒勒通过分析大量专利总结出了工程领域内最常见的39个通用技术参数。然而，在实际问题分析过程中，工程参数的选取是一个充满挑战的工作。工程参数的选取不仅需要技术系统的全面专业知识，还要能正确理解39个通用技术参数。这39个通用技术参数见表6-2。

根据39个通用技术参数的特点，可分为物理及几何参数、技术负向参数、技术正向参数三大类，通用技术参数分类见表6-3。

表 6-2 39个通用技术参数

序号	名 称	序号	名 称	序号	名 称
1	运动物体的重量	14	强度	27	可靠性
2	静止物体的重量	15	运动物体作用时间	28	测试精度
3	运动物体的长度	16	静止物体作用时间	29	制造精度
4	静止物体的长度	17	温度	30	物体外部有害因素作用的敏感性
5	运动物体的面积	18	光照度	31	物体产生的有害因素
6	静止物体的面积	19	运动物体的能量	32	可制造性
7	运动物体的体积	20	静止物体的能量	33	可操作性
8	静止物体的体积	21	功率	34	可维修性
9	速度	22	能量损失	35	适应性及多用性
10	力	23	物质损失	36	装置的复杂性
11	应力或压力	24	信息损失	37	监控与测试的困难程度
12	形状	25	时间损失	38	自动化程度
13	结构的稳定性	26	物质或事物的数量	39	生产率

表 6-3 通用技术参数分类

通用技术参数分类	通用技术序号
物理及几何参数	1～12、17、18、21
通用技术负向参数	15、16、19、20、22～26、30、31
通用技术正向参数	13、14、27～29、32～39

正向参数，一般这些参数值变大时，系统或子系统性能变好。

负向参数，一般这些参数值变大时，系统或子系统性能变差。

2.40 条发明原理

阿奇舒勒通过对成千上万的专利分析，归纳和总结出了 40 种最常用的解决问题的方法，即 40 条发明原理，见表 6-4。

40 条发明原理作为 TRIZ 的核心理论之一，具有广泛的适用性，学习并掌握 40 条创新原理，不仅能启迪在风力机相关设计中的创新思维，更能对以后的学习、科研、生产以及生活产生积极启发作用。

3. 阿奇舒勒矛盾矩阵

阿奇舒勒分析大量专利时，发现针对某一种由两个工程参数所引起的技术矛盾，40 条发明原理中的某些发明原理被使用次数明显多于其他发明原理，为了表示出这种关系，矛盾矩阵就应运而生了，这使得解决技术矛盾效率大大提高，因为不再需要逐个尝试所有的 40 条发明原理，而能快速锁定最有效的发明原理。矛盾矩阵（部分）见表 6-5，下面简要介绍矛盾矩阵的构成。

表6-4 40条发明原理

序号	名称	序号	名称
1	分割原理	21	减少有害作用的时间原理
2	抽取原理	22	变害为利原理
3	局部质量原理	23	反馈原理
4	增加不对称原理	24	借助中介物原理
5	组合原理	25	自服务原理
6	多用性原理	26	复制原理
7	嵌套原理	27	廉价代替品原理
8	重量补偿原理	28	机械系统替代原理
9	预先反作用原理	29	气压和液压结构原理
10	预先作用原理	30	柔性壳体或薄膜原理
11	预补偿原理	31	多孔材料原理
12	等势原理	32	颜色改变原理
13	反向作用原理	33	均质性原理
14	曲面化原理	34	抛弃或再生原理
15	动态特性原理	35	物理或化学参数改变原理
16	未达到或过度作用原理	36	相变原理
17	空间维数变化原理	37	热膨胀原理
18	机械振动原理	38	强氧化剂原理
19	周期性作用原理	39	惰性环境原理
20	有效作用的连续性原理	40	复合材料原理

表6-5 矛盾矩阵(部分)

项目	恶化的通用工程参数				…
改善的通用工程参数	运动物体的重量	静止物体的重量	运动物体的长度	静止物体的长度	…
运动物体的重量	+	—	15,8,29,34	—	…
静止物体的重量	—	+	—	10,1,29,35	…
运动物体的长度	8,15,29,34	—	+	—	…
…	…	…	…	…	…

(1)矛盾矩阵为40列40行矩阵,第一行和第一列对应39个表6-2中的通用技术参数。

(2)矛盾矩阵除第一行第一列的数字外,中间单元的数字对应表6-4中的40条发明原理。

(3)矛盾矩阵以解决技术矛盾为目标,而对角线上的矛盾双方为同一个通用技术参数,表示产生的矛盾非技术矛盾,没有对应的发明原理,因此不用矛盾矩阵求解,用“+”表示。

(4)矛盾矩阵中除了数字外,还有符号“—”,表示TRIZ的相关研究者尚未发现常

用的与之对应的发明原理。

4. *四种分离原理*

与解决技术矛盾不同，解决物理矛盾的关键是实现矛盾双方的分离。TRIZ 理论在总结物理矛盾解决的各种研究方法的基础上，将各种分离原理总结为四种基本类型，即空间分离、时间分离、条件分离和整体与部分分离。

(1) 空间分离原理。空间分离原理是指通过在不同的空间上满足不同的需求，让关键子系统矛盾的双方在某一空间只出现一方，从而解决物理矛盾，即将矛盾双方分离在不同的空间上。

(2) 时间分离原理。时间分离原理是指通过在不同时刻满足不同的需求，从而解决物理矛盾，即将矛盾双方分离到不同时间段。

(3) 条件分离原理。条件分离原理是指通过不同的条件满足不同的需求，从而解决物理矛盾，即根据不同条件将矛盾双方不同的需求分离。

(4) 整体与部分分离原理。整体与部分分离原理是指通过在不同的层次上满足不同的需求来解决物理矛盾，即将矛盾双方在不同层次上分离。

5. *分离原理和发明原理之间的对应关系*

近年对 TRIZ 的研究成果表明，用于解决物理矛盾的四种分离原理与用于解决技术矛盾的 40 条发明原理之间存在一定的关系，这样在解决物理矛盾时可以综合应用分离原理与创新原理，开阔视野思路，为解决矛盾提供更多的方案与手段。分离原理与发明原理之间的关系见表 6－6。

表 6－6　分离原理与发明原理之间的关系

分离原理		发明原理
空间分离原理		1、2、3、4、7、13、14、17、24、26、30
时间分离原理		9、10、11、15、16、18、19、20、21、26、34、37
条件分离原理		28、29、31、32、35、36、38、39
整体与部分分离原理	转换到子系统	1、25、40
	转换到超系统	5、12、33
	转换到竞争性系统	6、22、23
	转换到相反系统	8、13、27

6.2 新结构专利机型

6.2.1 升阻互补型垂直轴风力机

现代用于并网运行的大型风力机大多为水平轴风力机，且技术已经相对成熟，随着垂直轴风力机技术的发展，其风能利用率逐渐赶上水平轴风力机的水平。而且垂直轴风力机具有维护方便、不需要对风装置、结构相对简单等优点。

阻力型垂直轴风力机由于较低的叶尖速比，功率利用率较低；但转矩很大，有很好的启动性能。升力型风力机有较高的叶尖速比，功率利用率不低于水平轴风力机，但启动性能不理想，切入风速很高，较低风速时不能自行启动，需要人工启动。因此这里阻力型垂直轴风力机叶尖速比较低与升力型垂直轴风机叶尖速比较高构成主要矛盾，属于同一参数之间的矛盾即物理矛盾，考虑使用分离原理，利用空间分离原理，将两种垂直轴风力机互补在一起使用，使其分处不同空间，目的是提高升力型风力机的启动性能，降低切入风速，使其在低风速时也能自行启动，同时高速时又能保证较好的风能利用率。

利用空间分离原理，河海大学蔡新、舒超、潘盼等提出了一种新型升阻互补型垂直轴风力发电机，[1] 如图6-1所示为升阻互补型垂直轴风力机Ⅰ。同时考虑空间分离原理与时间分离原理，南通大学曹阳、吴国庆等[2]提出了另一种升阻互补型垂直轴风力机，如图6-2所示为升阻互补型垂直轴风力机Ⅱ。

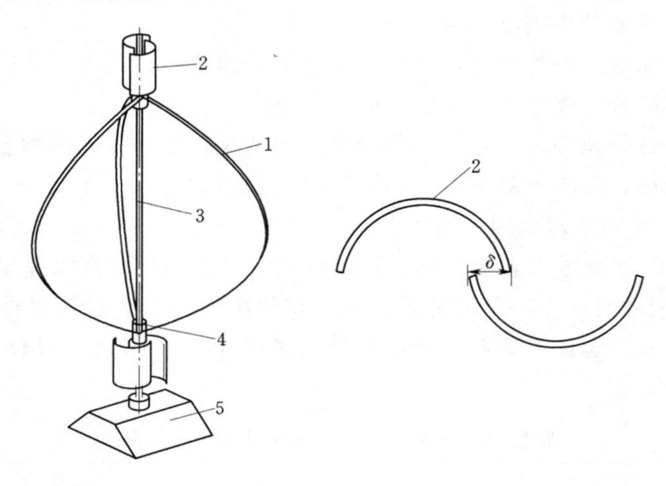

图6-1 升阻互补型垂直轴风力机Ⅰ

1—达里厄式风轮；2—S型萨沃纽斯阻力型风轮；3—立轴；4—轴承；5—坝式底座

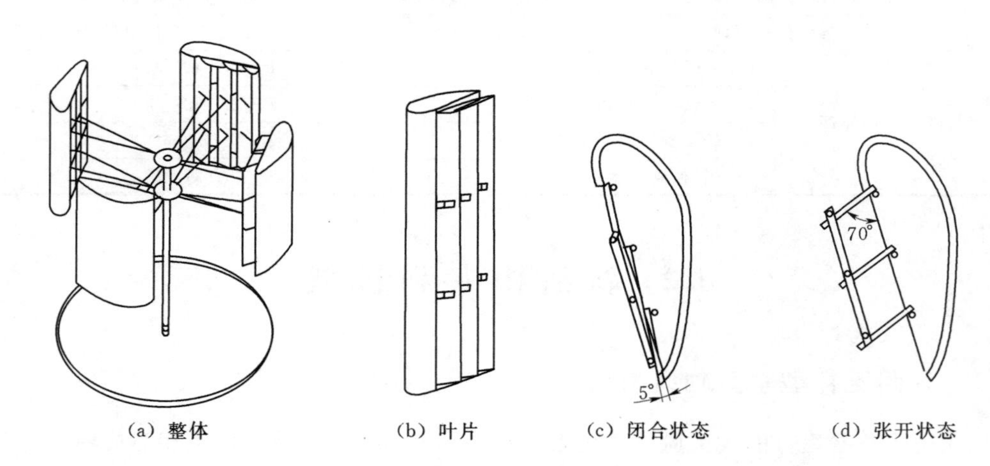

图6-2 升阻互补型垂直轴风力机Ⅱ

[1] 已申请中国专利，申请号：201410539793.4

[2] 专利号：CN102297079A

1. 升阻互补型垂直轴风力机Ⅰ

目前大多数升阻互补型风力机都是将阻力型风力机叶片安置在升力型叶片尾流影响区域内，这样由于升力型叶片转动产生的湍流混杂在尾流中，尾流撞击阻力型叶片产生不规则振动，大大降低了阻力特性，并加剧了机组的疲劳损伤。因而设计一种互不影响的升阻互补型垂直轴风力机具有重要意义。

为了克服上述缺陷，该发明提供一种升阻互补型垂直轴风力机，使得阻力型叶片不受升力型叶片旋转导致的气流扰动对其产生的影响，让其更好地发挥启动性能，同时其在有效运行的叶尖速比范围内的运转过程中增加转矩。

为了实现上述目的，该发明采用的技术方案为：升阻互补型垂直轴风力机Ⅰ包括达里厄式风轮、一对S型萨沃纽斯阻力型风轮、用于固定达里厄式风轮和萨沃纽斯阻力型风轮的立轴、轴承、埋藏发电机的坝式底座。其特征在于，达里厄式风轮位于立轴中部，一对萨沃纽斯风轮分别位于立轴上下两端。

该发明提供了一种升阻互补型垂直轴风力机，利用空间分离原理，在合适的位置布置不同类型的垂直轴风力机，获得创新解决方案。在该风力机中，达里厄式风轮通常在较高的叶尖速比下，即时产生最高风能利用系数，但是启动性能较差；而阻力型萨沃纽斯风轮在叶尖速比较低时，达到最佳风能利用率。在达里厄式风力机较高的风能利用系数和叶尖速比的基础上，将小风轮半径的S型阻力型叶片放置在升力型叶片的上下端部，使得阻力型叶片不受升力型叶片旋转导致的气流扰动对其产生的影响，让其更好地发挥启动性能，同时其在有效运行的叶尖速比范围内的运转过程中增加转矩。当转速过快时，阻力型叶片输出负转矩，降低整个转子的转矩，降低对电机的负荷，使得其在大风速下能够安全工作。

2. 升阻互补型垂直轴风力机Ⅱ

南通大学曹阳、吴国庆等人提出适用于低风速或风况复杂环境的垂直轴升阻耦合型风力机[1]。

垂直轴风力发电机主要有Savonius型、Darrieus型、H型和涡轮型。Savonius型自动转矩大，低风速时风能捕捉能力好，但风能利用率低，使得该型机在大型机组应用上缺乏竞争力；Darrieus型效率较高但自启动能力差；H型是英国在研究直叶式达里厄型过程中发展起来的，其自启动能力好；涡轮型则对空气密度较低的环境适应性好。对于风力资源欠丰富的村镇和高楼林立风况复杂的城市地区，一般的垂直轴风力发电机不适用。现有的垂直轴风力发电机大部分采用的是升力型风力机，在居民区因风速低常处于停机状态或不稳定工作状态；而阻力型风力机因其风能转换效率不高，较少使用。

该发明的具体解决方案如图6-2所示的升阻互补型垂直轴风力机Ⅱ，一种用于风力发电的垂直轴升阻耦合型风力机。其特征是：包括基础平台，基础平台中央上表面设置立轴，立轴上部装配有两个轴承，且两个轴承间的距离为叶片高度的1/3，两个轴承上分别盖装轴承盖，且轴承外盖与轴承盖内孔配合，有多个叶片沿立轴轴向均布，每个叶片与轴承盖之间通过支撑杆连接，构成风轮；所述叶片为带有上下封盖的空心结构，上下封盖与

[1] 已申请中国专利，申请号：201110268632.2

活动式栅板连接。栅板的上下端通过轴承机构与叶片的上下封盖连接。栅板三个为一组，每个叶片配一组，每组三个栅板上端和下端分别以连杆形成联动机构，保证三个栅板同时摆动相同角度；栅板闭合时刚好首尾相接，保证叶片能获得最大升力效果。所述栅板为长条形薄片结构，栅板宽度大于叶片开口弦长的1/2，栅板高度小于叶片长度，栅板两端的金属销与封盖上的轴承相配合，使栅板可以绕金属销摆动，栅板摆动角度范围为50°～70°，栅板材料为玻璃钢或铝合金或白铁皮。叶片为中空薄壳结构，在其一侧由叶尾至前缘切除3/4，呈半包围结构，叶片曲面采用美国航空标准翼型NACA0018。栅板可以围绕叶片某一轴线摆动，与叶片弧形面形成张开或闭合情形。叶片绕垂直于风向的轴旋转时会形成顺风和迎风两个状态，叶片顺风时，空气由叶尾流向前缘，栅板受风力作用而张开，根据国家标准，此时叶片属于阻力型叶片；叶片迎风时，空气由前缘流向叶尾，栅板自动闭合，此时叶片属于升力型叶片。每个叶片可根据气流情况实现阻力做功状态与升力做功状态自动切换。在风力作用下，每个叶片围绕风轮轴旋转一周，栅板完成由张开—闭合—张开的连续变化，使得风轮始终有半边呈现阻力型风力机特征，另半边则呈现升力型风力机特征，或全部呈现闭合，呈现升力型风力机特征。风速低时，阻力做功为主，整机呈现阻力型风力机特征；风速高时，升力做功为主，使得背风侧叶片的线速度大于风速，因此迎风侧叶片和背风侧叶片上的栅板均处于闭合状态，整机是一个升力型风力机。

该发明结构合理，利用空间分离原理，把不同类型垂直轴风力机有机整合在不同的空间中，并同时使用时间分离原理，在不同工作时间切换不同工作状态克服了升力型风力机低风速不能启动、阻力型风力机风能转换效率不高的缺点。

6.2.2 新型支撑杆垂直轴风力机

无论哪种类型的垂直轴风力机，风力机在运转过程中整个转子的重量全部作用在转子的轴承上，大大增加了转子运行中的摩擦阻力，降低了风力发电机的性能；而且过大的负载又加剧了轴承磨损，在风力发电机20年的使用寿命中，轴承的频繁更换大大增加风力发电机维护成本并且延长风力发电机的停车时间，降低了能量输出。因此无论是转子中的摩擦阻力，还是轴承磨损造成的物质损失，都是因为垂直轴风力机运动中的重力造成的，所以这里可以提取出两对矛盾通用参数，一对是运动物体的重量与力，一对是运动物体的重量与物质损失。查询矛盾矩阵，可得运动物体的重量与力矛盾中最常用的发明原理是8、10、18、37（见表6-4）；运动物体的重量与物质损失矛盾中最常用来解决问题的发明原理是5、35、3、31。

利用发明原理5、8，组合原理和重量补偿原理，把升力型叶片组合进垂直轴风力机系统，以提供升力来抵消垂直轴风力机的重力，基于这一思考和现有文献，蔡新、潘盼等提出了一种新型支撑杆，并发明了一种支撑杆带变桨距角叶片的垂直轴风力机，如图6-3所示[1]。

该发明要解决的技术问题是提供一种风力发电机，在工作过程中可以使风力发电机转动部分产生平稳升力，减缓由于转动部位自身重力造成的摩擦力和零部件的磨损。为实现

[1] 已申请中国专利，申请号：201110225756.2

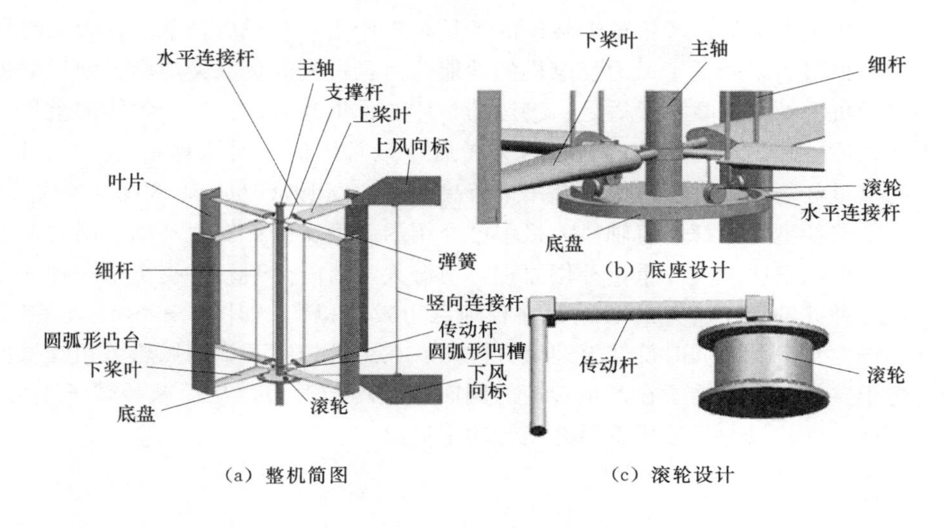

(a) 整机简图　　(b) 底座设计　　(c) 滚轮设计

图 6-3　支撑杆带变桨距角叶片的垂直轴风力机

上述构想采用如下具体技术方案：支撑杆带变桨距角叶片的垂直轴风力发电机，包括垂直设置的主轴，叶片与主轴平行设置，支撑杆分别与叶片、主轴刚性连接，水平设置的桨叶套在支撑杆上，桨叶与桨叶转动控制机构相连。其特征在于：在每根叶片与主轴的上下两端分别设置有支撑杆和桨叶，分别为上桨叶和下桨叶，下桨叶的下方设置有底盘，桨叶转动控制机构包括安装在下桨叶叶根后缘处的滚轮，滚轮通过一传动杆与下桨叶相连，垂直设置的细杆分别穿过上桨叶和下桨叶的后缘，在底盘上表面设置有滚轮轨道，滚轮在滚轮轨道上运动，滚轮轨道上各点不在同一水平面上。滚轮轨道包括设置于底盘同一圆周上的圆弧形凹槽和圆弧形凸台。圆弧形凹槽和圆弧形凸台以圆心为对称点对称设置。圆弧形凹槽和圆弧形凸台上表面和底盘盘面的距离变化相对于攻角变化保持一致，圆弧形凹槽宽度大于圆弧形凸台宽度。在细杆的上桨叶下方处设有弹簧，并在支撑杆上设置有桨叶转动装置限位。细杆上方桨叶下方还包括上风向标和下风向标，并分别与通过水平连接杆与主轴顶端的轴承、底盘固定连接，上风向标和下风向标之间通过竖向连接杆固定连接。上风向标与下风向标之间的距离大于叶片的长度，水平连接杆的臂长大于叶片旋转半径。叶片和桨叶由碳基复合材料制成，上风向标和下风向标由轻质、高强度、耐腐蚀塑料板制成，支撑杆和滚轮采用不锈钢制成，底盘和轴承套选用 45 钢或 A3 钢制成。

该发明充分利用组合原理和重量补偿原理，为支撑杆增加了新的功能，组合了水平轴风力机常用的可变桨距角的桨叶，从而获得桨叶随风轮旋转产生的升力，克服风力机风轮自身重力，并且伴随产生的阻力矩等价于没有安装水平桨叶时支撑杆产生的阻力矩，从而减缓由于风机转动部分的重力而产生的摩擦力和关键部位的磨损。装置结构简单，方便维修和安装，有效地提升了垂直轴风力发电机的功率输出，并且延长了风力发电机的使用寿命。

6.2.3 双旋翼垂直轴风力机

基于 6.2.1 节升阻互补型垂直轴风力机通用参数矛盾的分析：无论哪种类型的垂直轴

风力发电机，风机在运转过程中整个转子的重量全部作用在转子的轴承上，大大增加了转子运行中的摩擦阻力，降低了风力发电机的性能；而且过大的负载又加剧了轴承磨损，因此垂直轴风力机中的主要技术矛盾是：①运动物体的重量与力；②运动物体的重量与物质损失。查询矛盾矩阵，运动物体的重量与力矛盾中最常用的发明原理是 8、10、18、37；运动物体的重量与物质损失矛盾中最常用来解决问题的发明原理是 5、35、3、31。

在 6.2.2 节新型支撑杆垂直轴风力机中已介绍的新型支撑杆发明基础上同时考虑发明原理 5 组合原理和发明原理 8 重量补偿原理，河海大学潘盼、蔡新等提出了一种新型垂直轴风力机，一种共轴异向旋转的双风轮垂直轴风力发电机[1]，如图 6-4 所示。该发明中两风轮支撑杆上水平旋翼同时旋转至迎风方位角，在主轴控制下，两风轮可相互抵消主轴上不均匀弯矩，使风力机转子在产生转矩的同时产生均匀升力，从而减缓转子重力作用，减少转子磨耗，延长风力机使用寿命并提升功率输出。

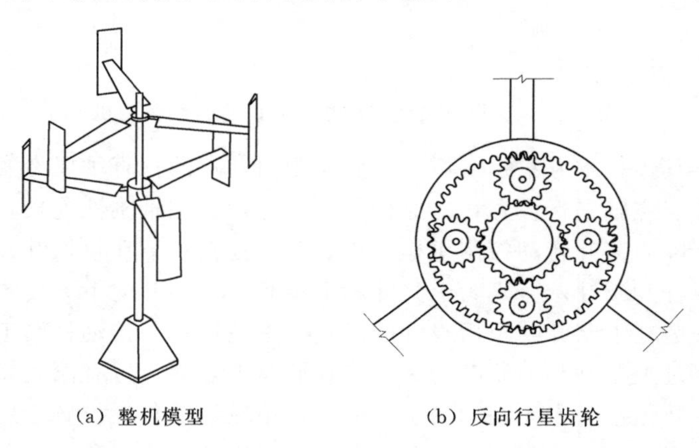

(a) 整机模型　　(b) 反向行星齿轮

图 6-4　共轴异向旋转的双风轮垂直轴风力机

该创新发明具体技术方案包括与发电机相连的主轴，主轴上设置上风轮和下风轮，上风轮和下风轮均包括竖向叶片，上风轮和下风轮的竖向叶片翼型相同，安装方向相反，在来流风作用下，气动牵引力相反，风轮异向旋转。上风轮通过轴承安装在主轴上。下风轮通过齿轮箱安装在主轴上。齿轮箱包括太阳轮，太阳轮与各行星轮啮合，各行星轮与齿圈啮合，太阳轮的转轴为主轴，行星轮与齿轮箱下部承台固定连接，齿圈位于齿轮箱外壁的内侧，齿圈与下风轮风轮支撑杆连接。上风轮包括竖直设置的叶片，叶片通过风轮支撑杆连接在轴承上，风轮支撑杆上设置有水平旋翼。下风轮包括竖直设置的叶片，叶片通过风轮支撑杆连接在齿轮箱上，风轮支撑杆上设置有水平旋翼。齿轮箱内行星齿轮顶部设置限位装置，限位装置包括与主轴固定连接的上部承台，齿圈通过滚珠圈抵住上部承台旋转，限位装置将下风轮限制在主轴下部，并将下风轮产生的升力传递给主轴，在齿轮箱和主轴的共同作用下抵消上下旋翼由于不平衡升力产生的弯矩。上风轮与下风轮中竖直叶片叶尖距 Δd 设计应避免叶尖涡的相互影响，叶尖距 Δd 需满足

[1] 已申请中国专利，申请号：201310238232

$$\Delta d \geqslant \frac{1}{5}L \tag{6-1}$$

式中 L——风轮竖向叶片的长度。

在最大迎风逆行状态下，随着旋翼展现距离增大，水平旋翼各截面入流合成速度逐渐增大，通过降低扭角和翼型弦长，使旋翼各截面产生均匀竖向升力。

上风轮、下风轮水平旋翼相互对应，即在相同的旋转角速度下，上风轮与下风轮对应水平旋翼同时运行至最大迎风方位角，两叶片以转轴对称且平行状态上风轮与行星齿轮中太阳轮相连，下风轮与行星齿轮的齿圈相连接，星轮固定，通过调整齿圈和太阳轮直径比例，使太阳轮和齿圈转速保持一致。水平旋翼靠近主轴端由风轮支撑杆与主轴固定连接，且风轮支撑杆与叶片的连接处为水平旋翼翼型 1/4 弦长的气动中心处。

该发明灵活应用 TRIZ 中的发明原理，利用已有专利再次创新。采用双风轮设计的垂直轴风力机，其下风轮水平旋翼在竖直叶片的带动下进行反向旋转，进而产生较为均匀的升力，避免了单一风轮上的旋翼生成“一边倒”的升力效果。升力作用减缓了风轮转动部分的重量载荷，从而减小摩擦力，降低磨耗，延长了零部件使用时间，提升了风能利用率。

6.2.4 磁悬浮垂直轴风力机

若只考虑 6.2.1 节升阻互补型垂直轴风力机中提到的两对矛盾通用参数中其中一对运动物体的重量与力。参照矛盾矩阵表格中的第一条发明原理 8，重量补偿原理，通过一个相反的平衡力（如浮力，弹力等）来抵消有不利影响的力，联想到将磁悬浮技术引入垂直轴风力发电机设计中，磁悬浮支承具有无机械摩擦、无接触磨损、无需润滑、运行噪声小、刚度可控等优点，用于垂直轴风力机主轴结构系统，可以降低主轴静态黏滞阻力转矩，改善自启动能力，消除机械磨损损耗，提高机电转换效率。

实现磁悬浮的手段一般有电磁磁悬浮和永磁磁悬浮两种方法。如吴国庆等[1]提出的“磁悬浮垂直涡轮风力发电机”、张广明等在专利 CN102182624 中提出的“一种五自由度磁悬浮水平轴直驱式风力发电机”等，都采用电磁轴承替代传统机械支撑轴承的方法来设计风力机主轴。林文奇在专利 CN101943128A 提出的“一种垂直轴磁悬浮风力发电机”、李国坤等[2]提出的“全永磁磁悬浮风力发电机”、刘骁等[3]提出的“立式全磁悬浮风力发电机”等，提出采用永磁轴承替代传统机械支撑轴承的方法来设计风力机。这些创新专利基本原理都是利用同性磁极互斥的原理，将转子“浮”起来，使风力机转动部分与静止部分无机械接触，从而消除传统垂直轴风力机主轴轴承的摩擦力。

电磁轴承应用的基本要求是必须配备位置闭环反馈控制电路及系统，由此形成的此类磁悬浮风力机的优点是磁力调节速度快、悬浮气隙恒定、抗风力扰动能力强。但其缺点是闭环反馈电控系统复杂、电路硬件投入和运行维护成本高、故障率高、且长期消耗电能、

[1] 专利号：CN101532471
[2] 专利号：CN101034861
[3] 专利号：CN1948746

总电功耗大。永磁轴承无需外围辅助控制电路，不消耗电能，故障率低，只要永磁体形状和布局合理，基本能够保证被悬浮体的静态稳定悬浮。这些特点是永磁悬浮轴承在风力发电应用中的优势。但现有研究较少考虑永磁悬浮结构的风力机在风力扰动下悬浮主轴的恒气隙悬浮特性，各个自由度方向上的悬浮气隙受风向和风力大小的变化而变化，不能随着风向和风力大小自适应地改变相应自由度方向上的磁力大小，不能保证磁悬浮主轴悬浮气隙的恒定。继而导致悬浮主轴轴心偏心，主轴攒动和振颤，增加与发电机连接的机械传动损耗，降低发电机的寿命，提高风力发电系统整机的机械不稳定度。因此，利用永磁轴承在风力发电领域中应用的优势，研究一种能够依据风向和风力大小的变化而自适应地调整磁力方向和大小，保证在风力扰动下的全永磁悬浮主轴悬浮气隙恒定的磁悬浮垂直轴风力机传动主轴结构，具有良好的工程实用意义。

南通大学茅靖峰、吴国庆等[1]实现了能够依据风向和风力大小的变化而自适应地调整径向悬浮磁力的方向和大小，保证在风力扰动下的悬浮主轴悬浮气隙恒定的全永磁自平衡悬浮垂直轴风力机传动主轴，如图 6-5 所示。

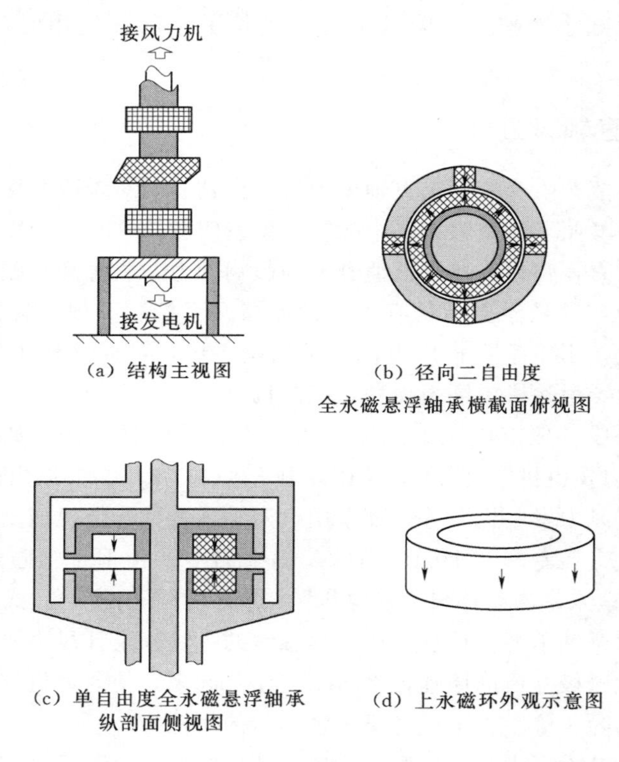

(a) 结构主视图

(b) 径向二自由度全永磁悬浮轴承横截面俯视图

(c) 单自由度全永磁悬浮轴承纵剖面侧视图

(d) 上永磁环外观示意图

图 6-5　全永磁自平衡悬浮垂直轴风力机传动主轴

该发明的目的在于提供一种结构合理，保证在风力扰动下的悬浮主轴悬浮气隙恒定的全永磁自平衡悬浮垂直轴风力机传动主轴。该发明的技术解决方案是一种全永磁自平衡悬浮垂直轴风力机传动主轴，其特征是：①外套筒垂直静止轴、内旋转传动轴、径向二自由

[1] 专利号：CN102878201B

度全永磁悬浮轴承、轴向单自由度全永磁悬浮轴承；②还包括径向磁力全角度自调节机构；③径向磁力全角度自调节机构包括扇弧形风压感应集风板、永磁力矩单元体、风力矩传动臂、径向轴承、集风板支架、永磁力矩支架、传动臂铰链、滚轮、滑动轨道、弹簧、导风背鳍板、限位横梁；④径向轴承安装于外套筒垂直静止轴外径上，并与集风板支架和永磁力矩支架相连；⑤扇弧形风压感应集风板和集风板支架之间安装传动臂铰链；⑥风力矩传动臂一侧与扇弧形风压感应集风板相连，另一侧的末端安装滚轮；⑦永磁力矩单元体顶部与滚轮接触，底部与滑动轨道接触，背部通过弹簧与永磁力矩支架相连；⑧滑动轨道与永磁力矩支架底部相连；⑨导风背鳍板与扇弧形风压感应集风板背部相连；限位横梁与永磁力矩支架顶部相连；⑩外套筒垂直静止轴上安装径向二自由度全永磁悬浮轴承和轴向单自由度全永磁悬浮轴承，其内套入内旋转传动轴。永磁力矩单元体由永磁材料制成，其横截面为圆弧形，纵截面为梯形，沿纵截面梯形高度方向上进行充磁。所述集风板支架和永磁力矩支架左右对称地安装于径向轴承两侧。永磁体力矩单元体与外套筒静止轴之间的气隙大小，呈跟随风力的实时强弱情况而自动调节的形式。扇弧形风压感应集风板为跟随风向的变化而围绕外套筒静止轴旋转，并始终处于迎风位置的形式。所述外套筒垂直静止轴、内传动旋转轴均由导磁材料制成；所述扇弧形风压感应集风板、风力矩传动臂、径向轴承、集风板支架、永磁力矩支架、传动臂铰链、滚轮、滑动轨道、弹簧、导风背鳍板、限位横梁均由非导磁材料制成。导风背鳍板安装在扇弧形风压感应集风板背部的中线位置处，呈三棱柱形。

该发明的优点：①径向悬浮磁力的方向和大小能够实时地随风向和风力进行调整，具有自适应调节特性，保证垂直轴传动旋转主轴轴心悬浮气隙的恒定；②采用了全永磁悬浮技术和纯机械式自动控制机构，结构简单，相对于电磁悬浮方案不耗费电能，成本和故障率低，性价比高。

6.3　新型垂直轴风力机展望

本章结合 TRIZ 矛盾解决方法介绍了一些垂直轴风力机的创新设计，这仅仅是整个垂直轴风力机领域创新的冰山一角。可以通过现有的技术创新探寻今后垂直轴风力机创新的一些方向。

（1）基于现有的风力机对其外形进行改进和优化，提升风能利用率，这本身也是一种创新设计。

例如河海大学蔡新、潘盼等❶提出的翼型弯度线与风轮运行轨迹重合的垂直轴风力机，如图 6-6 所示。该发明公开了一种直叶片翼型弯度线与风轮运行轨迹重合的垂直轴风力机，叶片翼型的弧形弯度线与风轮运行圆形轨迹重合，叶片上下叶梢处翼型弦长逐渐减少；每根叶片与风力机主轴之间由两根支撑杆连接，使叶片与主轴平行并可围绕主轴转动。该垂直轴风力机叶片与传统直叶片相比，扭矩峰值和风能利用率高，顺风向气动推力减少。该类型风力机的应用和推广，有利于提升单位风力机的电能输出并延长使用寿命。

❶　已申请中国专利，申请号：201310215566.1

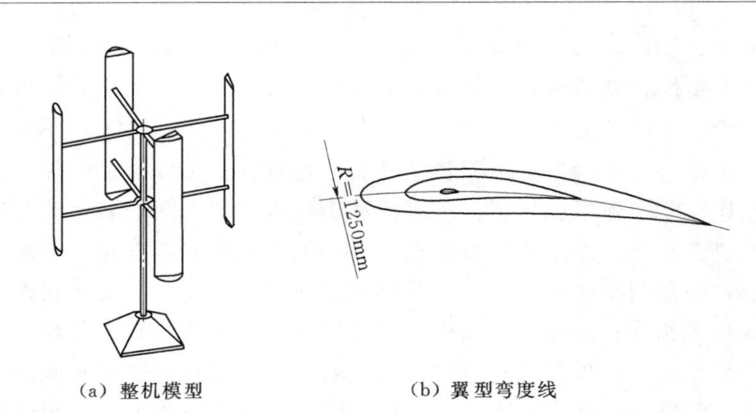

（a）整机模型　　（b）翼型弯度线

图6-6　翼型弯度线与风轮运行轨迹重合的垂直轴风力机

（2）为现有风力机加入新的系统，提升其风能利用率。

例如河海大学蔡新、潘盼等❶提出将一套导气系统融入到垂直轴风力机中，提升风力机功率输出，叶片失速延迟控制的垂直轴风力机如图6-7所示。

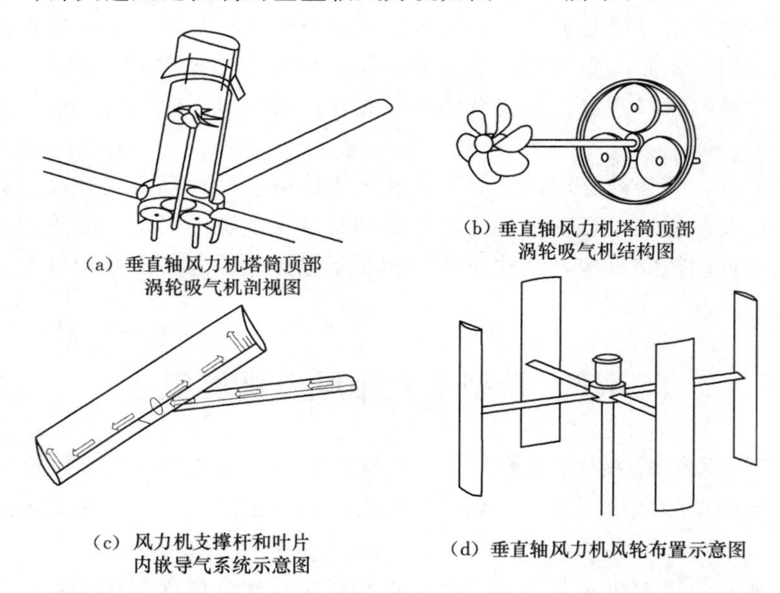

（a）垂直轴风力机塔筒顶部涡轮吸气机剖视图　　（b）垂直轴风力机塔筒顶部涡轮吸气机结构图

（c）风力机支撑杆和叶片内嵌导气系统示意图　　（d）垂直轴风力机风轮布置示意图

图6-7　叶片失速延迟控制的垂直轴风力机

该发明公开了一种叶片带失速延迟控制装置的垂直轴风力机，包括叶片、支撑叶片的支撑杆，在垂直轴风力机塔筒顶端安装涡轮吸气装置，涡轮吸气装置底部与行星齿轮的太阳轮连接，行星齿轮的星轮转轴固定，与行星轮啮合的外齿圈与支撑杆固定连接，支撑杆内、叶片内设置有贯通的导气管，支撑杆内的导气管贯通至外齿圈内部空间，叶片内的导气管与叶片外侧面喷管贯通相连。叶片旋转时，涡轮吸气装置被带动高速旋转，吸入空气，气流由安装在支撑杆中的导气管传入叶片的外侧喷管，在离心力作用下，气流沿叶片

❶　已申请中国专利，申请号：201310350234.4

表面被甩出。在喷射气流作用下，叶片层流分离被延迟，翼型升力增加，进而在相同工况下，风力机功率输出增加。

(3) 将已有的垂直轴风力机创新设计与其他资源整合，扩展风力机应用场景。

例如智能型磁悬浮垂直涡轮发电机LED路灯（南通大学吴国庆、倪红军等[1]提出），如图6-8所示，将风力机与路灯、磁悬浮技术多方面进行整合。

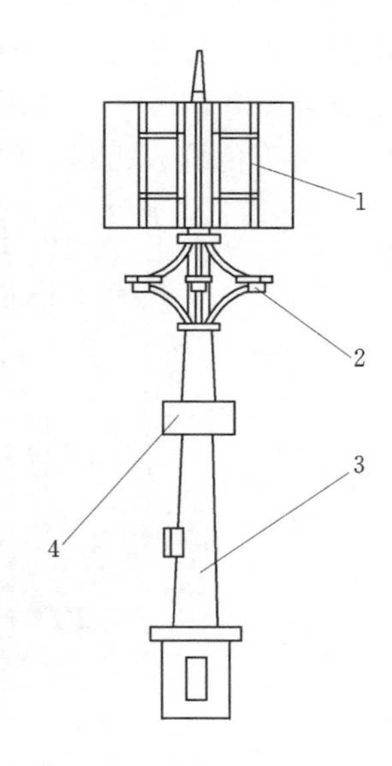

图6-8 智能型磁悬浮垂直涡轮发电机LED路灯
1—风力机；2—LED灯具；3—灯杆；4—广告灯箱

该路灯主要包括灯杆3，灯杆上装风力机1、LED灯具2、广告灯箱4，灯杆上装风力机、LED灯具、广告灯箱，风力机装于灯杆顶部，LED灯具设置在发电机下方，广告灯箱设置在LED灯具下方，风力机为磁悬浮垂直涡轮风力发电机，风力机的径向和轴向支承采用磁悬浮轴承，同时设有辅助机械支承；LED灯具上装有散热板，通风管连接风力机和LED散热板。该发明提供了一种结构合理、支承刚度高、具有制动保护功能、风能利用率高、LED散热效果好的智能型磁悬浮垂直涡轮发电机LED路灯。

(4) 设计全新的垂直轴风力机。

随着各种新技术、新材料的出现，可以展望在不远的将来捕获风能的手段不再仅仅只有通过叶片的旋转把风能转换为机械能，再转换为电能这一手段。例如，西班牙新创公司Vortex Bladeless颠覆大多数人对风力发电机的可能想象，设计出一种“无扇叶”的风力发电机，Vortex Bladeless依靠周围空气的运动形成旋涡，然后带动设备前后晃动起来，然后从前后晃动中获取能源。Vortex Bladeless风力机如图6-9所示。另外国外相关机构还开发了一种“风力茎秆”的风力发电方式，每根茎

图6-9 Vortex Bladeless风力机

[1] 已申请中国专利，申请号：200910182794.7

秆都包含着电极和压电材料制成的陶瓷盘交替层，当受到压力时会产生电流，风力茎秆发电场效果图如图 6-10 所示。这些新型的风力发电机，完全区别于传统的垂直轴风力机，而且相对于传统风力机，噪声更小，避免鸟类意外的撞击死亡，更加环保。

图 6-10　风力茎秆发电场效果图

第7章 垂直轴风力机运行控制与防护

如何把蕴含在风中的不稳定能量，高效地转换为可以为人类服务的稳定能量，是风力机运行控制中面对的主要问题。并且随着风能利用的深入和规模的扩大，新机组不断的投入运行，旧机组逐渐产生老化病害，对其进行有效的运行控制和防护显得尤为重要。

本章主要介绍垂直轴风力机的运行控制和维护技术，包括发电机控制技术、电力电子系统控制技术、结构控制技术以及防雷、防强风措施。

7.1 运行控制技术

一般来说，水平轴风力机可以利用发电机转矩控制、变桨距技术以及偏航系统来改变风力机的转速，而垂直轴风力机由于没有偏航系统，且大多采用定桨距设计，即桨距角不可改变的设计方式，一般只能依赖发电机、电力电子变换系统的电气控制，所以传统型垂直轴风力机风能利用系数较低，为此不少风电生产者以及研究人员试图通过改变垂直轴风力机的结构来提高其风能利用系数，致使垂直轴风力机种类繁多，难以形成较为统一的控制方案。

7.1.1 电气控制技术

无论是垂直轴还是水平轴风力机发电系统中，电气设备主要由发电机和电力电子设备构成，根据机型不同还包括了其他一些辅助控制系统，如制动系统、超速保护系统、电网失电保护系统等。本节主要介绍发电机和电力电子设备的一般控制技术。

风力发电机组可以分为两大类：恒速恒频机组和变速恒频机组。发电机与电网并联运行时，要求风力机输出频率保持恒定，为电网频率。恒速恒频指在风力发电中，控制发电机转速不变，从而得到频率恒定的电能；变速恒频指发电机的转速随风速变化而变化，通过其他方法来得到恒频电能，有的是靠发电机与电力电子系统相结合实现变速恒频，有的是通过改造发电机本身结构而实现变速恒频的。发电机组系统繁多，但是基本的控制方法都基于以下方法技术。

7.1.1.1 发电机调速控制技术

发电机调速控制一般通过调节发电机定子电压、改变电机的磁极对数、调节励磁输入电源频率、调节电磁转差离合器等方式，从而实现发电机转速的调节，采用一定的控制策略灵活调节系统的有功、无功功率，抑制谐波，减少损耗，提高发电机系统效率，进而实现追求整机风能最大转换效率。

1. 调压调速

改变电机定子电压来实现调速的方法称调压调速。其优点是可以将调速过程中产生的转差能量加以回馈利用，效率高；装置容量与调速范围成正比，适用于 70%～95%的调速。其缺点是功率因素较低，有谐波干扰，正常运行时无制动转矩，适用于单象限运行的负载。

2. 变极调速

通过改变电机定子绕组的接线方式来改变电机的磁极对数，从而可以有级地改变同步转速，实现电机转速有级调速。其优点是：①无附加差基损耗，效率高；②控制电路简单，易维修，价格低；③与定子调压或电磁转差离合器配合可得到效率较高的平滑调速。其缺点是：①有级调速，不能实现无级平滑的调速；②由于受到电机结构和制造工艺的限制，通常只能实现 2～3 种极对数的有级调速，调速范围相当有限。

3. 变频调速

改变异步电机定子端输入电源的频率，且使之连续可调来改变它的同步转速，实现电机调速的方法称为变频调速。最节能高效的就是变频电机，只是在电源部分安装变频器成本太高。其优点是无附加转差损耗，效率高，调速范围宽；对于低负载运行时间较多，或起停运行较频繁的场合，可以达到节电和保护电机的目的。其缺点是技术较复杂，价格较高。

4. 电磁调速

通过电磁转差离合器实现调速的方法称电磁调速。其优点是结构简单、控制装置容量小、价值便宜、运行可靠、维修容易、无谐波干扰。其缺点是速度损失大，因为电磁转差离合器本身转差较大，所以输出轴的最高转速仅为电机同步转运的 80%～90%；调速过程中转差功率全部转化成热能形式的损耗，效率低。

7.1.1.2　电力电子变换控制技术

电力电子技术在现代电气工程领域中占有重要地位，是风力发电系统一体化达到高效和高性能的必要部分。固态的电力电子系统被用来达到风力发电机组的性能与电网连接的要求，包括频率、电压、有功和无功控制及谐波最小化等。

在恒速风力发电机系统中，直接将感应发电机并入电网将出现很大的瞬时冲击电流。晶闸管作为软启动器可以有效减小冲击。在变速风力发电机系统中，许多类型的风力机组都利用电力电子系统作为接口来实现变速运行。由于发电机的转轴与转子转轴固定在一起，如果风力机转子转速发生变化，发电机的频率也随之相应变化，从而与电网频率脱钩，电力电子变换系统可以解决这个问题。

电力电子变换系统由电力电子器件、驱动电器、保护和控制电路组成。根据拓扑和应用场合，电力电子变换器可以允许功率双向流动而且实现负载/发电机与电网之间的连接。有两种不同类型的变换系统：电网换相和自换相变换系统。

1. 电网换相系统

电网换相系统主要是晶闸管转换，6 个或者 12 个或者更多个脉冲。这种类型的变换器会产生整数个谐波，一般需要谐波滤波器。晶闸管转换也不能控制无功功率和电感的无功损耗，所以晶闸管转换器主要应用于高压和功率的应用，如传统的高压直流传递系统。

2. 自换相变换系统

自换相变换系统主要是脉冲宽度调制（Pulse Width Modulation，PWM）变换系统，

该系统的功率开关器件主要采用绝缘栅极双极型晶体管（Insulated Gate Bipolar Transistor，IGBT）。这种类型的变换器可以同时控制有功功率和无功功率。这就意味着所需求的无功功率可以通过PWM变换系统来传递。PWM变换系统的高频开关信号可能会产生谐波和间谐波。一般这些谐波的频率在几千赫兹。由于谐波的频率较高，所以去除也相对容易，利用小型滤波器即可滤除。

7.1.2 结构控制技术

考虑到电气回路中各电气装置及元件存在参数限制，而风场中风向和风速频繁变化，尤其是在风速超过风力机额定风速时，发电机输出功率将达到极限，仅靠发电机、电力电子系统控制难以完成风轮转速控制。因此，一些研究机构着手开发改进结构的垂直轴风力机，例如变桨距控制垂直轴风力机、变径垂直轴风力机、带涡流发生器叶片的垂直轴风力机等。

7.1.2.1 变桨距控制技术

变桨距控制技术是通过改变叶片的桨距角来改变叶片的升力和阻力，从而获得较高的风能利用率。水平轴风力机使用变桨距技术已经十分成熟，应用范围十分广泛。垂直轴风力机变桨距技术的研究始于20世纪90年代，其发展相对较慢。

T. Kosaku等在1992年提出了垂直轴风力机不同桨叶单独控制桨距角的思想，分析了叶片旋转一周过程中的攻角变化，给出了近似正弦曲线的桨距角变化曲线，并用动量理论估算了可能达到的风能利用率。

L. Lazauskas在1992年提出了3种桨距角变化曲线，如图7-1所示，并用动量理论计算了其扭矩系数和风能利用率，但是其得到的最大风能利用率仅为37%。

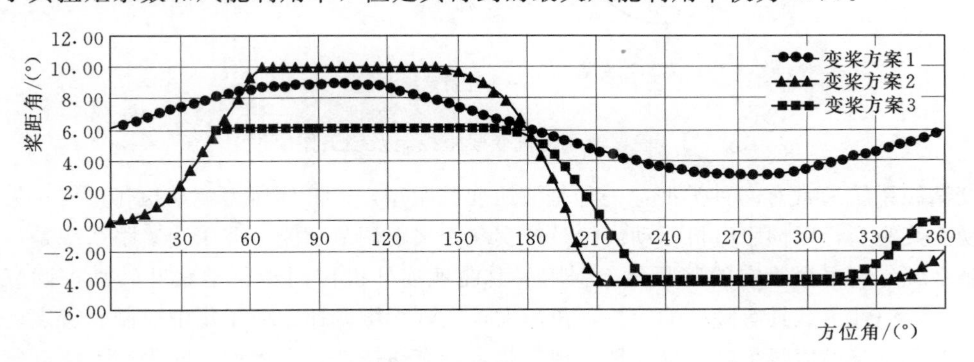

图7-1 L. Lazauskas提出的3种桨距角变化曲线（叶尖速比2.0）

In Seong Hwang等在2006年建立了桨距角变化曲线为正弦曲线的实验系统，并比较分析了变桨距风力机和定桨距风力机的输出功率、扭矩等参数，同时提出了一条新的桨距角变化曲线，如图7-2所示。

芮晓明等对垂直轴变桨距控制的方式进行了研究，对桨距角曲线为正弦曲线的变桨距垂直轴风力机进行了初步设计。

变桨距控制是根据风速的变化及叶片处于不同位置时，调节叶片的桨距角，使叶片处于最佳的迎风位置，从而提高叶片的风能利用率，改善输出功率。垂直轴风力机进行变桨距

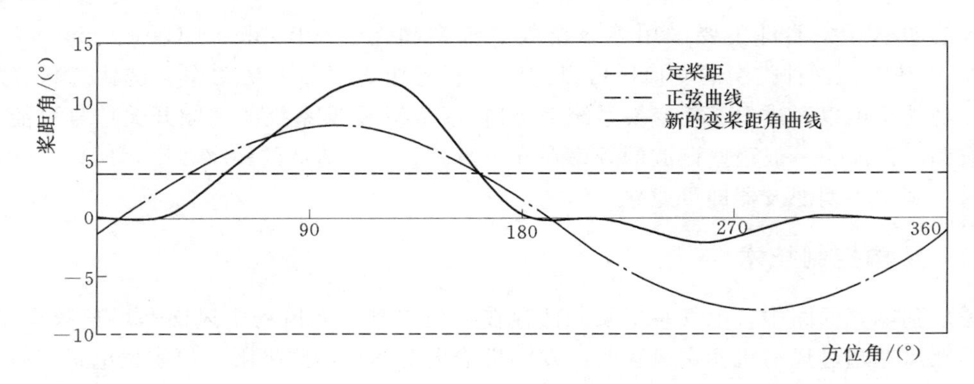

图7－2　In Seong Hwang 等提出的桨距角变化曲线

控制的特点是：在静止时，对所有叶片进行桨距角调节，使每个叶片都处于最佳攻角位置，改善垂直轴风力机启动性能差的缺点。在旋转时，对叶片进行桨距角调节：在风速低于额定风速时，通过对叶片采用桨距角控制，使每个叶片在其位置所受的转矩力最大，从而使风力机随着风速及位置的变化获得最大输出功率；在风速高于额定风速低于切出风速时，通过功率控制调节叶片的桨距角，使输出功率维持在额定功率附近；当风速高于切出风速，对风力机的叶片进行顺桨、停机。垂直轴风力发电机组变桨距控制系统工作原理如图7－3所示，由风轮、增速箱、发电机及控制器组成。

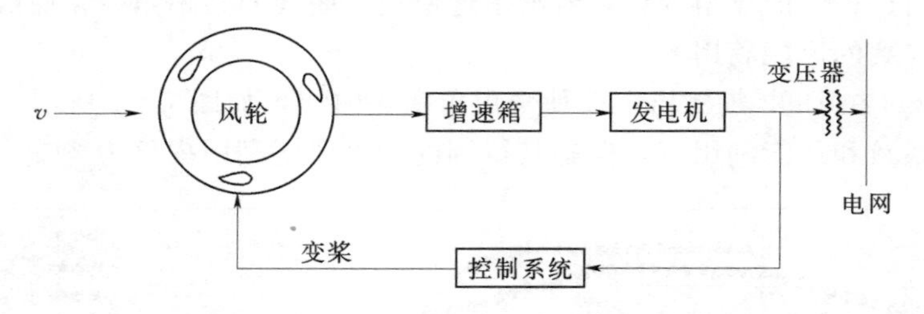

图7－3　垂直轴风力机变桨距控制系统工作原理图

变桨距系统通常有两种类型：一种是液压变桨距型，以液体压力驱动执行机构；另一种是电动变桨距型，以伺服电机驱动齿轮系统实现变桨距调节功能。液压变桨距系统是一个自动控制系统，它根据给定的桨距角，利用一套曲柄连杆机构同步驱动桨叶转动，调节桨距角，对于大惯性负载具有频率响应快、扭矩大，实现无级调速，便于集中控制等特点。电动变桨距控制系统可使每个叶片独立地实现变桨，具有快速性、准确性、同步性等特点。

7.1.2.2　变径控制技术

由国内学者提出的一种可变径垂直轴风力机，变径机构由伺服定位系统和齿轮齿条传动机构组成。变径风力机如图7－4所示。当需要改变风轮回转半径时，首先由变径机构电磁离合器通过吸合作用，将步进电机输出轴与变径齿条轴进行传动连接。然后步进电机驱动器接收到来自控制器的指令，驱动步进电机转动相应的角度，通过变径机构电磁离合器将转动量传至齿轮齿条机构，实现角位移量到直线位移量的转换。变径齿条轴的直线运动再推动相应的滑动铰链座上下直线运动，从而通过与之相连的铰链装置带动风力机叶片的上、下幅杆相对于叶片摆动，实现风轮半径的改变。在不需要变径操作的时候，就将变

径机构电磁离合器断开，从而切除齿轮齿条机构与伺服电机之间的动力传递路线。

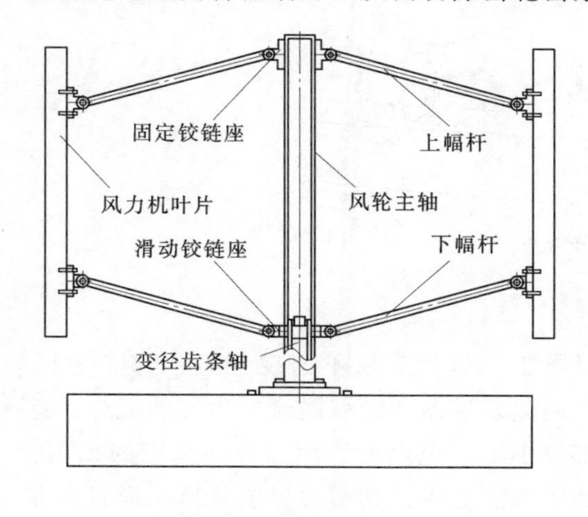

(a) 主视图

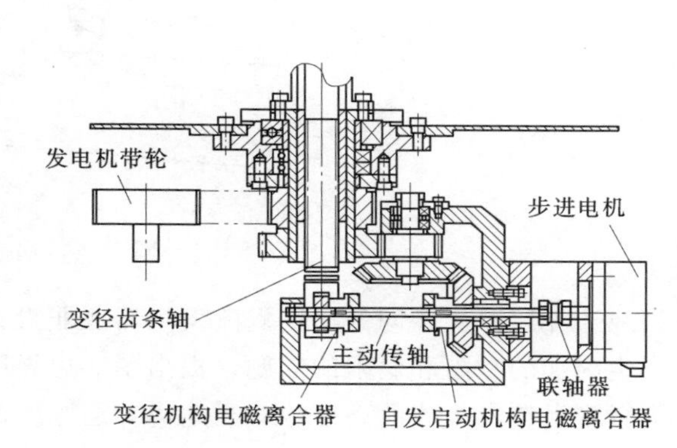

(b) 剖视图

图 7-4 变径风力机

风轮的气动转矩 T 的表达式为

$$T=\rho\pi R^3 v^3 C_T(\lambda)/2 \tag{7-1}$$

式中 ρ——空气密度；

R——风轮半径；

v——风速；

$C_T(\lambda)$——叶尖速比为 λ 时的转矩系数。

由上述转矩和转速即可求得风轮的输出功率。从中可以看出，风力发电机的输出功率与风力机的风轮半径关系密切。在额定风速范围内，风力机可以采用最大风轮半径运行，以最大功率点跟踪控制或负载跟踪控制的方式尽可能多地提高风能利用率。当风速超过额定风速时，则按照控制规律减小风轮半径，尽可能将风力机转速稳定在额定转速范围，从而在适当减少风能吸收量的同时，保证对风能的有效利用。当风速过大或停止风力机运行时，风轮回转半径能够在程序指令下迅速减至最小，从而使风力机转矩迅速下降，风轮转速也就迅速减小，再配以一定的制动措施，便可快速使风轮转动停止。

7.1.2.3 涡流发生器

涡流发生器由美国学者 H. D. Taylor 首先提出，一般情况下，涡流发生器安装在机翼的上表面边界层上，并与当地来流保持一定的侧向夹角，涡流发生器如图 7-5 所示。

涡流发生器的主要作用就是有效地阻止以上各种气流的过早分离。早在 20 世纪 60 年代，一些空气动力学研究人员对涡流发生器控制平板湍流边界层的流动机理进行了研究，同时通过对涡流发生器流动的湍流结构、流向涡发展的研究，提出了涡流发生器控制边界层，特别是控制湍流边界层分离的基本原理就是在于向边界层内注入新的涡流能量。

接着空气动力学研究人员对控制翼型和机翼湍流边界层分离的涡流发生器原理做了大量的试验研究工作，包括对涡流发生器的形状、几何参数及安装位置等，并针对其高度与

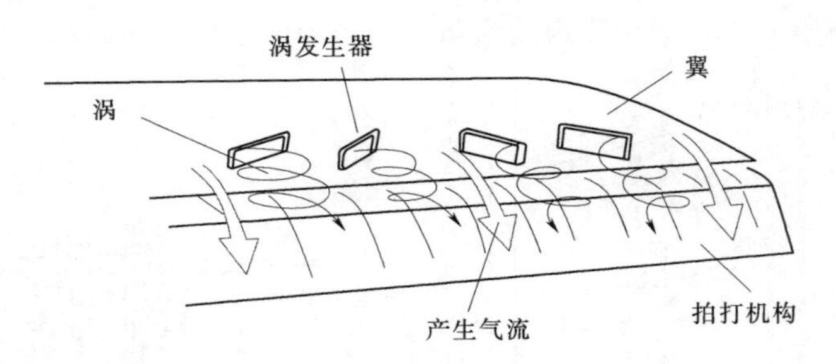

图7-5　涡流发生器

当地边界层厚度相同的早期涡流发生器在非设计状态（即边界层不出现分离）的情况下，产生附加的型阻和涡阻的问题，提出了亚边界层涡流发生器和微型涡流发生器的概念。这类微型涡流发生器的高度相对当地边界层厚度都较小，甚至仅为当地边界层厚度的1/10，它可增加边界层底层的流场能量，能阻止大的逆压梯度形成并延缓边界层分离，而且在非设计状态又不产生大的附加阻力。

半个多世纪以来，涡流发生器在飞机、扩压器、收缩器后体、增升装置和涡轮叶片，甚至先进的战斗机上均获得了广泛的应用。涡流发生器作为一种被动式的流动控制部件，是针对某一个或几个流动状态而设计安装的装置，其优点是简单易行、成本低，但是不足之处是气动单点设计，不能线性控制，针对设计工况带来了不必要的阻力。

7.1.2.4　叶片射流技术

在翼型气动控制领域，采用非定常、小扰动方法进行控制，目前已经成为风力机叶片气动性能研究的热门方向。射流技术基本原理为在叶片表面开设小孔，叶片腔体内安装高压喷射器，喷射器向小孔外喷射非紊乱的气流进入运行状态下的叶片表面边界层中，提升叶片翼型的最大升力系数和失速攻角。

射流技术最早由美国学者Lin J.C和Howard F.G在研究多种主动和被动控制二维翼型湍流分离时提出。该技术是一种新颖的翼型气动特性主动控制技术，它在显著提升翼型升力的同时不增加翼型阻力。通过激光扫描方法，可以清晰地看到射流技术对翼型层流分离抑制效果，层流分离抑制激光扫描如图7-6所示。

射流技术除了具有可控性和良好的抗干扰性能外，结构简单、加工容易也是其被广泛应用于风力机的重要原因。

7.1.2.5　Gurney 襟翼

风力机的单台装机容量由初期的几十瓦发展到了现在的6MW，但仍然有一些气动问题需要尽快解决，如低速启动、脉动风或随机阵风引起的振动、静失速、动失速等。这些问题不仅直接影响机组的发电效率，而且引起风力机叶片振动，增加了风力机部件的疲劳损失，严重的会导致风力机的破坏。因此必须采取一定的控制措施，如在启动状态下，能使风力机在较低风速下启动；在正常运行条件（或设计工况下）下，尽可能使风力机叶片各剖面保持较大的升阻比，提高风力机的效率；在大脉动来流和随机阵风下，尽量减少风力机叶片绕流的分离与失速，以便减少风力机叶片的振动和疲劳载荷，提高叶片寿命。

流动控制技术是目前空气动力学研究的重要方向，以Gurney襟翼为代表的流动控制

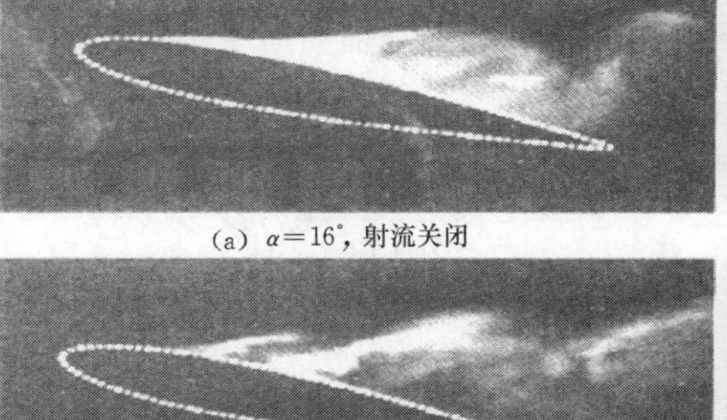

(a) $\alpha=16^{\circ}$，射流关闭

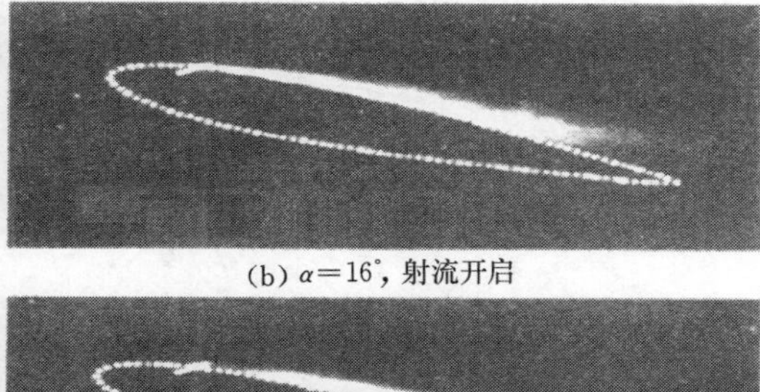

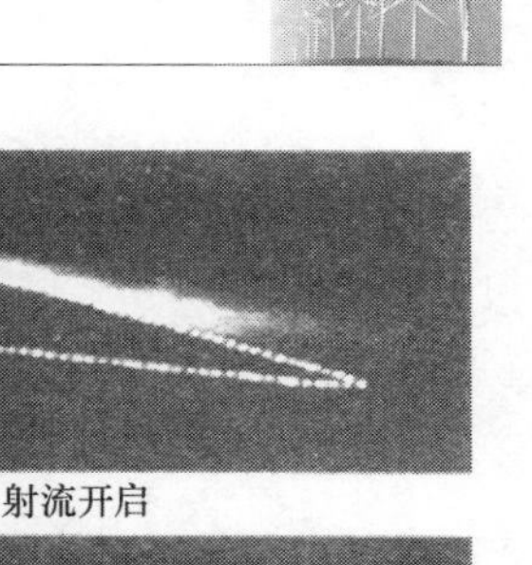

(b) $\alpha=16^{\circ}$，射流开启

(c) $\alpha=17^{\circ}$，射流关闭

(d) $\alpha=17^{\circ}$，射流开启

图 7-6　层流分离抑制激光扫描图

技术得到很大的发展和应用，其中 Gurney 襟翼是指襟翼与叶片表面垂直。它通过抑制翼型表面层流分离点来改变后缘处流动状态，进而调整了翼型的有效弯度。

随着叶片尺寸的增加，叶片的柔性特征更加明显，当旋转叶片拍击气流漩涡和湍流时，叶片的疲劳载荷循环次数增加，而 Gurney 襟翼可以有效地降低有害高频疲劳载荷对叶片的作用。装有 Gurney 襟翼的翼型尾流示意如图 7-7 所示。

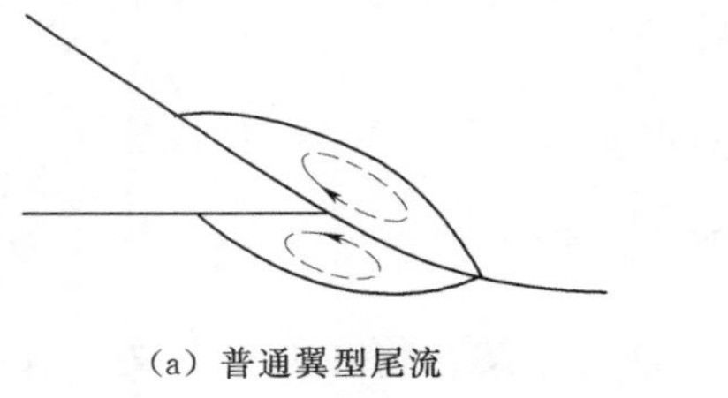

(a) 普通翼型尾流

(b) 带 Gurney 襟翼翼型尾流

图 7-7　翼型尾流示意图

7.1.3　控制策略

风力发电系统的控制策略根据控制器的不同可分为两大类：以数学模型为基础的传统控制方法和模拟人类智能活动及其控制与信息传递过程的智能控制。空气动力学的不确定性和电力电子模型的复杂性，使风电机组成为一个复杂多变量非线性系统，具有不确定性和多干扰性等特点，致使风力发电系统很难用数学模型来描述。由于智能控制可充分利用其非线性、变结构、自寻优等各种功能来克服系统的参数时变与非线性因素，因此各种智能控制方案于近几年被开始应用于风力发电机组控制领域。但无论哪一种技术方案，目的都是尽可能追求最大的风能利用率。

7.1.3.1　理论最大功率

在研究垂直轴风力机发电输出功率控制中，有一个重要理论是贝兹理论，这一理论是由德国的贝兹于 1926 年建立的。

风轮气流图如图 7-8 所示，设 v_1 为距离风轮一定距离的上游速度，v 为通过风轮时

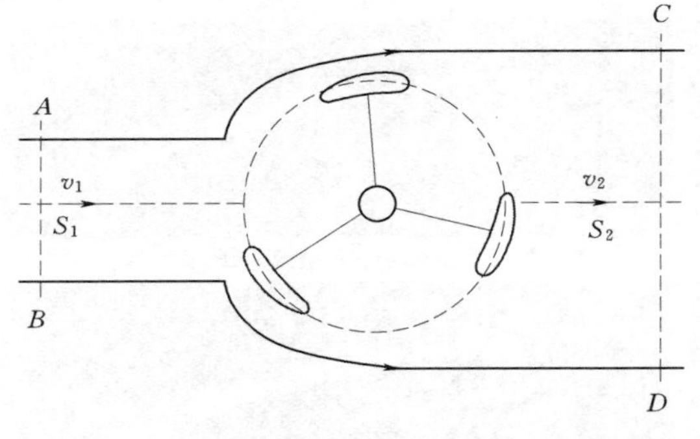

图 7-8 风轮气流图

的实际风速，v_2 为离风轮远处的下游风速，气流上游截面面积为 S_1，风轮处气流截面面积为 S，下游截面面积为 S_2，ρ 为空气密度。

假设空气是不可压缩的，可知 $S_1v_1=Sv=S_2v_2$。风作用在风轮上的力由 Euler 理论得出

$$F=\rho Sv(v_1-v_2) \tag{7-2}$$

风轮吸收功率为

$$P=Fv=\rho Sv^2(v_1-v_2) \tag{7-3}$$

气流的动能为 $E=\frac{1}{2}mv^2$，所以经过风轮后，上游至下游风能改变的动能为

$$\Delta E=\frac{1}{2}\rho Sv(v_1^2-v_2^2) \tag{7-4}$$

由能量守恒定理可知，式（7-3）与式（7-4）相等，可得到

$$v=\frac{v_1+v_2}{2} \tag{7-5}$$

风能所捕获的功率为

$$P=\frac{1}{4}\rho S(v_1^2-v_2^2)(v_1+v_2) \tag{7-6}$$

对于一定的风速，上游风速 v_1 一定，对于式（7-6）以 v_2 求导得

$$\frac{\mathrm{d}P}{\mathrm{d}v_2}=\frac{1}{4}\rho S(v_1^2-2v_1v_2-3v_2^2) \tag{7-7}$$

$\frac{\mathrm{d}P}{\mathrm{d}v_2}=0$ 有两个解 $v_2=-v_1$ 与 $v_2=\frac{v_1}{3}$。前一个解在物理上无意义，后一个解可求出最大功率为

$$P_{\max}=\frac{8}{27}\rho Sv_1^3 \tag{7-8}$$

将式（7-8）与气流流过风轮前所具有的能量相比，可得到风力机捕获风能理论上的最大功率。由捕获的风能比上总风能，即式（7-8）右边项比上 $\frac{1}{2}\rho Sv_1^3$，得到最大风能利用率约为 0.593，这一数值即为贝兹理论极限值。

以上最大功率仅为理想化模型下的表达式，不同的机型有不同的具体功率表达式和对应的最大功率。根据当前获得的转速信息，参照风力机功率特性曲线，计算出发电机所能输出的最大功率，通过调节发电机的输出功率，以保证风力机运行在最优功率曲线上。该方法相对于变桨控制而言，省去了风速测量装置以及变桨装置，仅需要转速信息，在实际应用中采用较多。

7.1.3.2 最大功率点跟踪（MPPT）控制策略

对于一个风力发电系统，风能利用系数与叶尖速比关系曲线非常重要，垂直轴风力机最大功率运行线如图 7-9 所示，从图中可以看出，对于一台确定的风力机，在桨距角一

定时，总存在一个最佳叶尖速比 λ_{opt}，对应着一个最大的风能转换系数，此时风力机的能量转换效率最高，对于一个特定的风速，风力机只有运行在一个特定的机械角速度下，风力机才会获得最大的能量转换效率。因此，在任何风速下，只要调节风力机转速，使其叶尖线速度与风速之比保持不变，且都满足 $\lambda=\lambda_{opt}$，就可以维持风力机在最大风能利用系数下运行。对于一般风力机，可以利用发电机转矩控制和偏航系统来改变风力机的转速，对于垂直轴风力机，由于没有偏航系统，一般只能通过发电机、电力电子系统控制来尽可能接近最大风能利用系数。

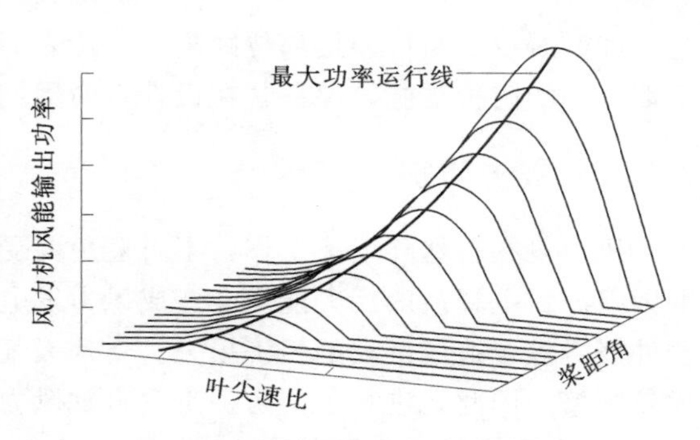

图 7-9　垂直轴风力机最大功率运行线图

此种方法与风轮的空气动力学特性没有关系，方法简单、成本低、易于实现操作，无需测量风速，能较好地实时追踪最大风能。

7.1.3.3　扰动法

通过对转速或其他参数进行实时扰动，同时根据功率变化情况判断下次扰动的方向，直至促使机组功率调整到最大功率点。该方法不依赖任何风速、转速信息，同时也不需要知道风力机的特性曲线，具有较好的通用性，然而风力机的扰动时间常数很大，导致每次扰动之后的响应速度较慢，容易错过最佳点。

7.1.3.4　模糊控制

模糊控制是一种典型的智能控制方法，其最大特点是将专家的经验和知识表示为语言规则用于控制。它不依赖于被控对象的精确数学模型，能克服非线性因素影响，对被调节对象的参数具有较强的鲁棒性。由于风力发电系统是一个随机性的非线性系统，因此模糊控制非常适合于风力机的控制。模糊控制在发电机转速跟踪、最大风能捕获、发电机最大功率获取以及风力发电系统鲁棒性等方面取得了较好的控制效果。

7.1.3.5　神经网络控制

人工神经网络具有可任意逼近任何非线性模型的非线性映射能力，利用其自学习和自收敛性可作为自适应控制器。在风力发电系统中，神经网络可以用来根据以往观察风速数据预测风速变化等方面。基于数据的机器学习是现代智能技术的重要方面，研究从观测数据出发寻找规律，利用这些规律对未来数据或无法观测的数据进行预测，来对工业过程进行有效控制。这些学习方法包括模式识别、神经网络、支持向量机等。在风电系统中，可从运行机组获取大量重要数据，以对机组的动态特性和性能进行研究。因此，将上述基于数据驱动的机器学习方法与风能转换系统的控制相结合，是解决风机控制问题的重要途径之一。

7.2　垂直轴风力机防护技术

垂直轴风力机运行过程中，受到雨水、风沙以及大气腐蚀，同时经受紫外线、结冰以及强风作用，甚至遭受雷击而损坏。在旋转疲劳荷载作用下，隐藏在机组各部件内部的缺陷，如微裂纹、组件连接部位缺陷、叶片表面磨损等将会逐渐显现出来。因此，对风力机采取合理的防护措施，保证其在设计寿命周期内高效运行至关重要。

7.2.1　雷击防护

风力机在自然环境下工作，不可避免要受到自然灾害的影响，雷击是其中一个重要影响因素。雷电释放的巨大能量会造成风力发电机组的叶片损坏、发电机绝缘击穿、控制元器件烧毁等，造成巨大的经济损失。雷暴天气在我国发生的频率很高，对风电场的破坏也比较频繁。因此，进行雷击防护是垂直轴风力机及风场设计中的重要环节。

7.2.1.1　雷电的产生及危害

雷电是在积雨云强烈发展阶段，当云层之间、云地之间、云与空气之间的电位差达到一定程度时产生放电现象，风力机遭受雷击的过程实际上就是带电雷云与风力机间的放电。雷电具有100MV的高电压和（2～3）$\times10^4$℃的高温，破坏力极大，经常造成大面积的停电或使广播、电视、通信中断以及居民房屋、家用电器等财产损失。雷电灾害还表现在通过各种途径侵害地面物，除了直接雷击外，还有雷电的静电感应作用、电磁感应作用，放电时产生的强烈电磁脉冲、地电位反击，以及雷电侵入波，可能沿着各种架空电力线、信号传输线、天线、电缆和金属管线等进入设备。

7.2.1.2　雷电防护的原理及方法

雷击防护最关注的是每一次雷击放电的电流波形和雷电参数。雷电参数包括峰值电流、转移电荷及电流陡度等。风力机遭受雷击损坏的机理以及相应的防护原理与这些参数密切相关。雷电防护方法大致分为以下四类。

1. 外部防雷

外部防雷的作用是将绝大部分雷电流直接引入地下泄散。外部防雷主要指建筑物的防雷，一般是使建筑物或设施（含室外独立电子设备）免遭直击雷危害，其技术措施可分接闪器（避雷针、避雷带、避雷网等金属接闪器）、引下线、接地体等。

2. 内部防雷

内部防雷的作用是快速泄放沿着电源和信号线路侵入的雷电波或各种危险过电压这两道防线。内部防雷系统主要是对建筑物内易受过电压破坏的电子设备（或室外独立电子设备）加装过压保护装置，在设备受到过电压侵袭时，防雷保护装置能快速动作泄放能量，从而保护设备免受损坏。内部防雷又可分为电源线路防雷和信号线路防雷。

3. 电源线路防雷

电源线路防雷系统主要是防止雷电波通过电源线路对计算机及相关设备造成危害。为避免高电压经过避雷器对地泄放后的残压过大或因更大的雷电流在击毁避雷器后继续毁坏后续设备，以及防止线缆遭受二次感应，应采取分级保护、逐级泄流的原则。一是在电源的总进线处安装放电电流较大的首级电源避雷器；二是在重要设备电源的进线处加装次级或末级电源避雷器。

4. 信号线路防雷

由于雷电波在线路上能感应出较高的瞬时冲击能量，因此要求信号设备能够承受较高能量的瞬时冲击，而目前大部分信号设备由于电子元器件的高度集成化而致耐过压、耐过

流水平下降，信号设备在雷电波冲击下遭受过电压而损坏的现象越来越多。

7.2.1.3 机械部件防雷

垂直轴风力机启动性能差，在风速较大的时候才能启动运行，故需要将其安装在高度相对较高的位置，例如高耸建筑的房顶或塔架上。因此，垂直轴风力机组遭受雷击的概率较大。绝大多数垂直轴风力机并不适合通过风力机顶部加装避雷针达到避雷目的，图7-10和图7-11是H型和Φ型垂直轴风力机的避雷针结构图，根据滚球法，阴影区域是不保护区域，白色区域是保护区域，从图中可以看出风力机绝大多数部位不在避雷针保护范围内。

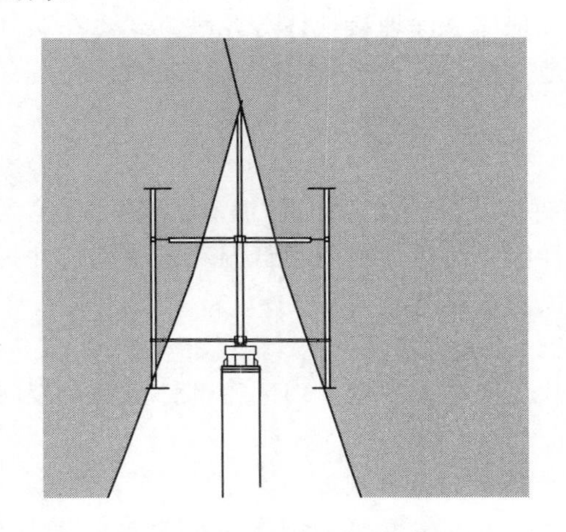

图7-10 H型避雷针结构图

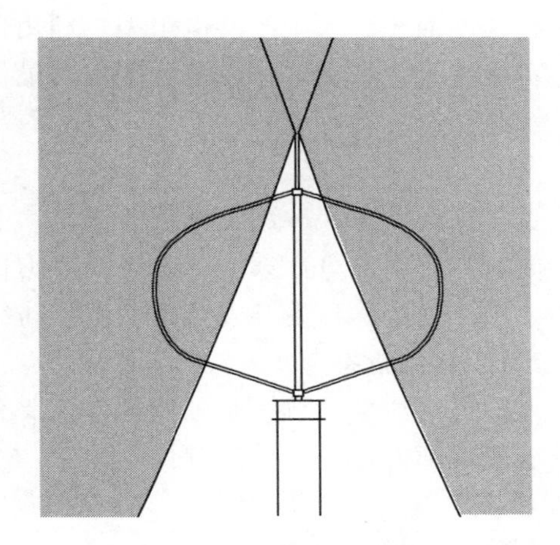

图7-11 Φ型避雷针结构图

风力机的叶片位置较高且暴露，易直接成为直击雷的落雷点。目前，许多垂直轴风力机叶片并没有设置内部导电体或进行表面金属化处理，仅是纯粹的玻璃增强塑料（GRP）结构或GRP—木结构。运行经验表明，这种类型的叶片经常遭受雷击。应在叶片上多设置接闪器，并优先布设在预计落雷点位置，布置引下线，连接各接闪器与接地装置。此外，还应确保叶片、叶片连接件、水平支撑杆、轴、发电机外壳、塔架导通性良好，轴和发电机外壳应采用集电环连接。

7.2.1.4 电气部件防雷

1. 暂态过电压及线路保护

对风力机控制系统造成破坏的暂态过电压，通常是由直击雷或非直击雷引起的。发生在信号线、通信线和电力线附近的雷击过程，将在这些线路上产生暂态过电压，其幅值可能达到几十千伏。通信线在进入机组处应设置气体放电管加以保护，并通过一低阻抗接地线接地。沿电力线注入的暂态过电压会对线路造成破坏，因此需要使用电涌保护器加以保护。

2. 雷电流的直接注入及其保护

雷电击中电气元件即雷电流直接注入线路的情况是一种非常严重的雷击现象，将会产生相当大的破坏作用。因此要避免雷电直接击中系统中的传感器件和接线。合适的布线方式以及避雷针等均可起到一定的保护作用。

3. 电气设备的防雷保护

一般情况下，实现远端输入、输出功能的器件都需要进行过电压保护，且防护等级与装置的位置有关。连接到控制室和配电室的电缆中可能产生感应过电压，需要对这一区域的电气设备装设电涌保护器件。对于风力发电机组控制器中各电压等级的电源变压器、通信线路，通常可采用金属氧化物压敏电阻以防止过电压。

7.2.1.5　风力机接地

良好的接地是保证雷击过程中风力机安全的必备条件。风力机接地装置一般采用一个或多个环形接地体、水平接地体、基础接地体等方式组成的接地。接地网的设计方法包括增大接地网面积、人工改善电阻率、利用自然接地体、深埋接地体等几种方式，在实际接地时可根据综合情况选择经济、实用的最佳接地方案。

7.2.2　结冰防护

近年来，严寒、冰冻、暴雪等恶劣气候条件频繁出现，我国低温和冰冻问题尤为突出，南方冻雨，北方严寒，严重影响风力机的性能，对风力机的耐低温和抗冰冻特性提出更高要求。因此，研发开发可耐低温和防结冰风力机具有重要意义。

7.2.2.1　结冰危害

风力机结冰会导致一系列问题，主要有叶片表面结冰问题、内部零部件脆性断裂问题以及塔架等部件低温疲劳问题。

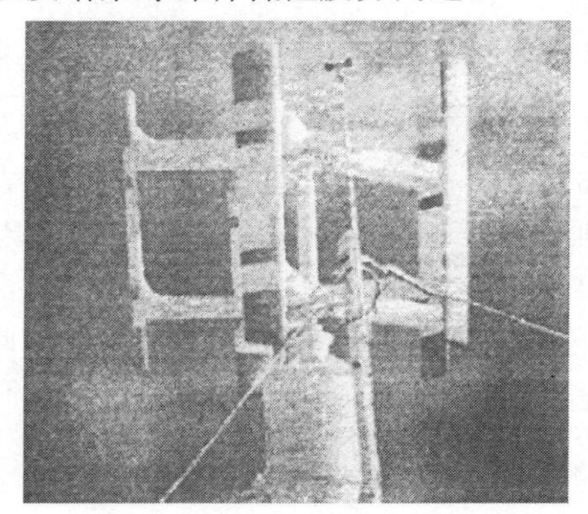

图 7－12　H 型垂直轴风力机叶片表面结冰

1. 叶片表面结冰问题

叶片表面结冰主要危害有改变翼型气动外形、增加翼型表面粗糙度，从而使叶片在设计条件下的气动性能发生改变，导致风能的转化率降低。此外，叶片结冰产生机组附加冰载荷，甩冰容易对人员及建筑物产生损害。图 7－12 为 H 型垂直轴风力机叶片表面结冰图。

2. 内部零部件脆性断裂问题

风力机内部零部件受低温影响，金属机件承受荷载的能力大大下降，齿轮箱、主轴等零部件容易在低温时因承受较大冲击荷载而产生脆性断裂。

3. 塔架等部件低温疲劳问题

风力机承受循环荷载的部件如塔架、叶片以及支撑杆，在温差变化较大且频繁的高寒地区，温度变化引起应力循环变化，存在低温疲劳问题。

7.2.2.2　结冰防护措施

垂直轴风力机结冰防护措施主要有热能防冰、机械除冰、溶液防冰、涂层防冰和气爆式除冰。

1. 热能防冰

热能防冰是利用各种热能加热方法，使叶片表面温度超过 0℃ 以达到防冰和除冰的目的。热能防冰措施主要有：

(1) 微波除冰。微波除冰的原理是将微波能导到防冰层表面，利用微波能对冰层加热，使叶片表面冰层的结合力大大降低，再利用风轮的离心力和气动力将冰块除去。

(2) 电热防冰。在风力机叶片制造时预埋由加热元件、转换器、过热保护装置和电源组成的电热防冰系统。

2. 机械除冰

机械除冰即采用机械方法把冰击碎，然后靠气流吹除，或者利用离心力、振动将碎冰除去。目前使用最多的是利用人工碎冰。机械除冰属于被动型防冰。

3. 溶液防冰

溶液防冰的基本思路是利用防冰液（例如乙醇、异丙醇、乙烯乙二醇等）与叶片表面的积液混合，此时混合液的冰点大大降低，使水不易在叶片表面上结冰。在航空工业中，遇到寒冰天气时，飞机飞行前都需要在机翼外部喷洒防冰液。溶液防冰属于被动型防护。它有效作用时间短，溶液用量大，且严重结冰情况下除冰效果差。

4. 涂层防冰

涂层防冰是一种较为理想的防冰措施，属于主动防护。它的基本原理是利用特种涂料的物理或化学作用，使冰融化或者降低冰与物体表面的黏聚力，从而将冰从叶片表面除去。目前防冰涂料类型有丙烯酸类、聚四氟乙烯类和有机硅类等。

5. 气爆式除冰

气爆式除冰是在叶片的外边层粘贴一种柔性条状气囊，常态下气囊收缩并呈平整状态；当冰层附着一定厚度后，迅速充入大量的气体，让气囊膨胀，使冰层爆裂，达到除冰的目的。该除冰方法最先开始应用于飞机叶片上，其技术成熟，耗能低，无需增加特殊的防雷保护装置，使用寿命长。

7.2.3 强风防护

风是自然界大气的流动的现象，具有很高的随机性，会出现时大时小，甚至时有时无的情况，且随着季节改变风速变化很大。风速的大小常用级别来表示，风的级别是根据风对地面物体的影响程度而确定的，在气象上，目前一般按风力大小划分为 12 个等级，风力等级见表 7-1。在我国一些沿海和偏远地区，出现强风的概率较高。所以，有效防止风力机遭受强风损坏具有十分重要的意义。

表 7-1 风力等级表

风级	名称	风速/($m \cdot s^{-1}$)	陆地地面物象	海面波浪
0	无风	0.0～0.2	静，烟直上	平静
2	轻风	1.6～3.3	感觉有风	小波峰未破碎
4	和风	5.5～7.9	吹起尘土	小浪白沫波峰
6	强风	10.8～13.8	电线有声	大浪白沫离峰
8	大风	17.2～20.7	折毁树枝	浪长高有浪花
10	狂风	24.5～28.4	拔起树木	海浪翻滚咆哮
≥12	台风（飓风）	＞32.6	摧毁极大	海浪滔天

7.2.3.1　强风危害

当垂直轴风力机在正常风速下运行时，风轮结构安全且稳定。但在超强风下运行时，垂直轴风力机安全性较差，此时风轮结构所受的负载会超过自身承载力而出现结构损坏，例如支撑杆与叶片的连接处发生断裂，塔架或主轴发生折断等，严重影响垂直轴风力机的正常运行。

7.2.3.2　强风防护措施

垂直轴风力机防强风袭击的措施根据具体风轮结构和强风的不同而不一样，但目的都是为了垂直轴风力机在遭遇强风时能够安全运转，不被损毁，下面主要介绍两种防强风措施。

1. 动翼式防强风

强风来袭时，一般先采取停机措施，此时风轮所受的顺风向推力仍很大。动翼式防强风即为降低风机在停机状态下的负载，采取特殊结构让叶片翼型方向能随风向自动调整角度成顺风向，使叶片在顺风方向上的面积最小来达到降低阻力的目的，但是当风速足够大时，该方法也并不能有效地达到防护措施。

2. 挡风式防强风

挡风式防强风措施即在强风环境中，在垂直轴风力机风轮前安装挡风物，以引导气流改变方向，达到保护风机的作用。相比于动翼式防护，该方法相对较为安全，能够取得较好的防护效果，但缺点是增加了生产与维护成本。

第8章　垂直轴风力机风场

从风能角度来看，风资源最显著的特性是其变化性。风受地理环境和时间因素的影响变化很大，并且在时间、空间上这种变化会持续在一个很广的区域内。选择和开发理想的风场对充分利用风能资源具有重要意义。

本章主要阐述大气边界层内风特性、风场选址、垂直轴风力机布置的影响因素以及典型垂直轴风力机风场。

8.1　大气边界层内风特性

风吹过地面时，由于地面各种粗糙元（如草地、庄稼、树林、建筑物等）会对风的运动产生摩擦阻力，使得近地面的风速减小。该摩擦阻力对风运动的影响随离地面高度的增加而降低，直至到达某一高度时，其影响可以忽略，我们将受地球表面摩擦阻力影响的大气层称为"大气边界层"。大气边界层的厚度根据地表的差异有所不同，典型的高度为离地面 2000m 以内的区域。主要有两部分组成：一个是"近地层"，即最接近地表的部分，位于大气边界层最下部约 10%～20%的厚度之内；另一个是"摩擦层"，指近地层以上的部分，也称为"外层"。边界层内的风速随高度的增加而增加，边界层顶的风速值常称为梯度风速。边界层外为自由大气层，基本沿等压线以梯度风速流动。如图 8-1 所示为大气边界层结构图。

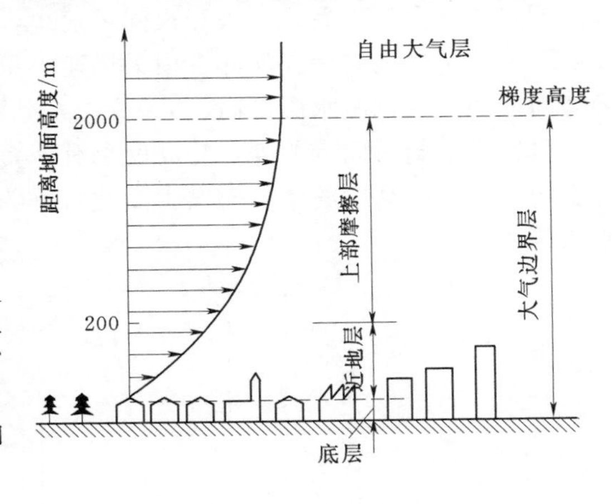

图 8-1　大气边界层结构

大气边界层内的风特性和风力机空气动力学是风电场建设和风力机风轮设计中最关键的问题之一。大气边界层内风特性的研究为风电场选址、风电场风速及功率预测、风力机动态及静态设计过程的基本设计参数、风力机运行过程控制的基础参数等方面提供依据。因此，对大气边界层风特性的研究十分必要。根据风力机的结构特征，对其风特性的研究主要针对的是离地面 200m 以内的大气层气流的流动情况。

8.1.1　平均风速

平均风速是一段时间内，各次观测的风速之和除以观测次数，它是最直接简单表示风能大小的指标之一，即

$$\overline{v} = \frac{\sum_{i=1}^{n} v_i}{n} \tag{8-1}$$

式中　$\overline{v}$——平均风速，m/s；

v_i——观测点风速，m/s；

n——观测点样本个数。

平均风速是反映风能资源的重要参数，平均风速可以是小时平均风速、月平均风速、年平均风速。年平均风速越高，则该地区风资源越好。在计算风能平均值时，也可以用速度来衡量功率。此时，平均风速为

$$\overline{v} = \left(\frac{1}{n}\sum_{i=1}^{n} v_i^3\right)^{\frac{1}{3}} \tag{8-2}$$

8.1.2　风速变化

风速的大小与时间有密切的联系，在大气边界层中，风速随时间的变化具有一定的统计性规律，如平均风速的日、月、季节变化规律。我国的大部分地区，最大风速出现在春季的3月、4月，最小风速出现在夏季的7月、8月。同时，风速年变化曲线与电网年负荷曲线对比，若一致或接近的部分越多越理想。另外，风速的日变化有陆地和海洋两种基本类型。陆地白天午后风速大，夜间风速小，因为午后地面最热，上下对流最旺，高空大风的动量下传也最多。在海洋，白天风速小于夜间，这是由于白天大气层的稳定度大，白天海面上的气温比海水温度高。

风速除了与时间有关外，与高度也有密切的联系。由于受到地形起伏、建筑物和植被等影响，风速随高度的增加而发生变化，称为垂直风剪切效应，风速廓线分布如图8-2所示。

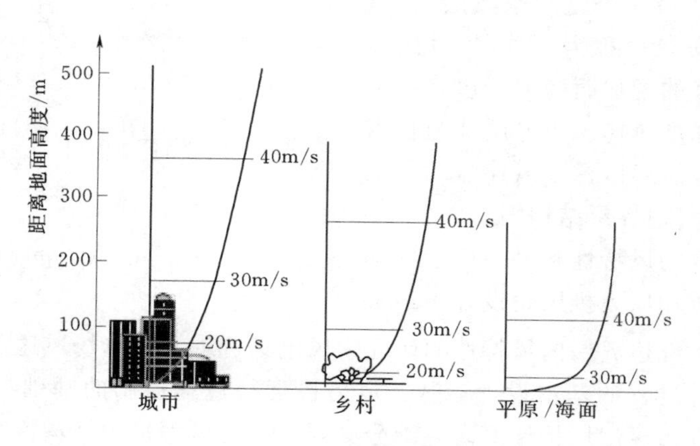

图8-2　风速廓线分布

对于风力机而言，通常考虑近地层内的风速变化，在近地层内，风速随高度有着显著的变化，造成风在近地层中的垂直变化原因有动力因素和热力因素，前者主要来源于地面的摩擦效应，即地面的粗糙度；不同环境下地表粗糙度 z_0 参考值见表8-1；后者主要表现与为近地层大气垂直稳定度的关系。当大气层为中性时，乱流将完全依靠动力原因来发

展，这时风速变化服从普朗特经验公式，即

$$v=\left(\frac{v_*}{k}\right)\ln\left(\frac{z}{z_0}\right) \tag{8-3}$$

$$v_*=\sqrt{\frac{\tau_0}{\rho}} \tag{8-4}$$

式中 v——风速，m/s；

k——卡门常数，一般可近似取为0.4；

v_*——摩擦速度，一般取值为0.1～0.3m/s；

τ_0——地面剪切应力，N/m^2；

ρ——空气密度，一般近似取为1.225kg/m^3；

z_0——地表面粗糙长度，m；

z——距地面的高度，m。

表8-1 不同环境下地表粗糙度 z_0 参考值

地面类型	z_0/m	地面类型	z_0/m
砂地	0.0001～0.001	矮棕榈	0.10～0.30
雪地	0.001～0.006	松树林	0.90～1.00
割过的草地（约0.01m）	0.001～0.01	稀疏建成市郊	0.20～0.40
矮草地、空旷草原	0.01～0.04	密集建成市郊、市区	0.80～1.20
休耕地	0.02～0.03	大城市中心	2.00～3.00
高原地	0.04～0.10		

另外，经过推导可以得出幂定律计算公式为

$$v_n=v_1\left(\frac{h_n}{h_1}\right)^{\alpha} \tag{8-5}$$

式中 v_n——h_n 高度处风速，m/s；

v_1——h_1 高度处风速，m/s；

α——风切变指数。

非均质下垫面的非均质性可通过植被覆盖率 σ 来表达。当地表为裸土时，$\sigma=0$，当地表被植被完全覆盖时 $\sigma=1$。对非均质下垫面，高度 z 处的风速可表示为

$$v=\frac{v_*}{k}[\sigma(a-1)+1]^{-1}\ln\frac{[\sigma(a-1)+1]z-\sigma ad}{a^2 z_0} \tag{8-6}$$

式中 d——零平面位移高度，m；

a——与地表植被叶面积指数有关的无量纲常数，a 的取值与地表植被、大气、土壤等许多因素有关。

8.1.3 风向频率玫瑰图

气象上把风吹来的方向定为风向。因此，风来自东，称为东风；风来自西，称为西

风。当风向在某个方向左右摆动不能确定时，则加“偏”字，如在南风方位左右摆动，则叫偏南风。风向测量单位，陆地一般用12个或16个方位表示，海上则多用36个方位表示。若风向用16个方位表示，则用方向的英文首字母大写的组合来表示方向，即北（N）、北西北（NNW）、西北（NW）、西西北（WNW）、西（W）、西西南（WSW）、西南（SW）、南西南（SSW）、南（S）、南东南（SSE）、东南（SE）、东东南（ESE）、东（E）、东东北（ENE）、东北（NE）、北东北（NNE）。静风记为“C”。

根据气象台站提供的记录数据，按月、季节、年来统计风向变化的平均值，来判断某一地区的风向变化情况。某地区某时段各风向频率见表8-2。某地区某时段风向频率玫瑰图如图8-3所示。线段最长者即为当地主导风向，其中，各方位辐射线的长度代表风向频率，即不同方位上记录的次数占总记录次数的百分比。风向频率玫瑰图能直观地表示年、季、月等的风向，为风电场的选址、风力机的布局提供合理的依据。

表8-2　某地区某时段各风向频率

风向	N	NNE	NE	ENE	E	ESE	SE	SSE	S
风向频率/%	3.4	3.4	2.7	3.0	4.0	4.2	7.1	6.6	5.2
风向	SSW	SW	WSW	W	WNW	NW	NNW	C	
风向频率/%	3.3	7.5	3.7	5.0	13.6	14.9	10.0	2.4	

8.1.4　湍流强度

湍流强度是描述风速随时间和空间变化的程度，反映脉动风速的相对强度，是描述大气湍流运动特性的最重要的特征量。其计算公式为

$$I=\frac{\sigma}{\mu} \tag{8-7}$$

式中　I——湍流强度；

σ——规定时期内的风速标准差值，m/s；

μ——同时期内的平均风速，m/s。

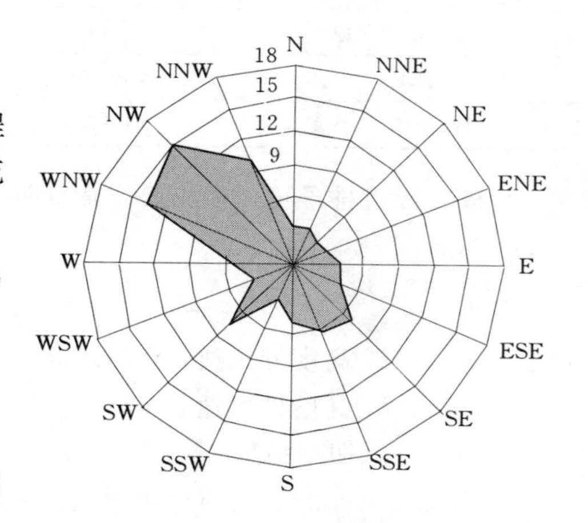

图8-3　某地区某时段风向频率玫瑰图

湍流代表着风速、风向及其垂直分量的迅速扰动或不规律性，是重要的风况特征。湍流很大程度上取决于环境的粗糙度、地层稳定性和障碍物。一般而言，湍流强度随着高度的增加而减小。

对于风电场而言，其湍流特征很重要，因为它对风力发电机组性能和寿命有直接影响。大气湍流对风力发电机的影响，主要表现在引起结构和控制系统的响应，使作用在叶片上的气动力和力矩发生变化，从而引起输出功率的波动，还可能引起极端载荷，最终削弱和破坏垂直轴风力机组。在风测量中，一般关注小时的湍流强度，每小时的湍流强度以1h内最大的湍流强度作为该小时的代表值。

湍流强度在0.1或以下时表示湍流较小，到0.25表明湍流过大，一般海上范围为0.08～0.1，陆上范围为0.12～0.15。对风电场而言，要求湍流强度不超过0.25。

8.1.5 风速统计特性

8.1.5.1 两参数 Weibull 分布

风速分布规律是风能资源统计特性的最重要指标之一，也是在风电场规划设计和并网技术研究中所必需的重要参数。工程中风速的分布还可以利用数学上的概率分布模型来描述，例如有 Weibull 分布、Rayleigh 分布等。

其中两参数 Weibull 分布模型应用最为广泛，只要给定 Weibull 分布参数 c 和 k 就可以求出平均风能密度、风能密度及风能可利用小时数。它有两种表示形式：一种是概率密度函数，用来描述不同的风速累计的时间占总时数的百分比；另一种是累计分布曲线，描述风速等于或低于某个风速的发生概率。

用两参数 Weibull 分布描述的风速概率密度函数为

$$f(v)=\frac{k}{c}\left(\frac{v}{c}\right)^{k-1}\exp\left[-\left(\frac{v}{c}\right)^{k}\right] \tag{8-8}$$

式中 v——风速，m/s；

k——Weibull 形状因子；

c——Weibull 比例因子。

两参数 Weibull 分布描述风速的累积分布函数为

$$F(a)=\int_{0}^{a}f(v)\mathrm{d}v=1-\exp\left[-\left(\frac{a}{c}\right)^{k}\right] \tag{8-9}$$

式中 v——风速，m/s；

k——Weibull 形状因子；

c——Weibull 比例因子；

a——风速积分上限，m/s。

关于 c 和 k 的取值可以根据实际测得的风速数据采用最小二乘法，即累积分布函数拟合 Weibull 分布曲线法，平均风速和标准差估计法，平均风速和最大风速估计法。在具体使用中，前两种方法需要有完整的风速观测资料，需要大量的统计工作；第三种方法的平均风速和最大风速可以从气象部门资料中获得，所以，这种方法较前两种方法有一定的优越性。此外，还有矩量法、极大似然法、能量格局因子法等。

8.1.5.2 风速的极值分布

工程应用中往往需要考虑多年一遇的极大风速，例如 ESDU 的标准风速为 50 年一遇值，我国有些部门使用 30 年一遇值。求多年一遇风极值的方法，国际上多采用具有理论基础的 Fisher - Tippett Ⅰ型分布（Gumbel 分布），国内倾向使用经验曲线拟合分布如 Pearson -Ⅲ型等。但是，使用经验拟合，其可信度与观测年限关系较大，且计算规则较繁琐。F - T Ⅰ型分布往往计算风速值高于实测值，这可能是在原始假设中认为风速无上界造成的，如果考虑大气中风速的可能极限速度后再使用 F - T Ⅰ型分布，则计算值与实测值一致，可在风力静力荷载中使用保证率概念。

8.1.6　风能及其计算

8.1.6.1　空气密度计算

从风能公式可知，ρ 的大小直接关系到风能的多少，特别在高海拔地区，影响更突出。所以，计算一个地点的风功率密度，需要掌握所有计算时间区间下的空气密度和风速。在近地层中，空气密度的量级远小于风速三次方的量级。因此，在风能计算中，风速具有决定性的意义。此外，由于我国地形复杂，空气密度影响也必须要加以考虑。空气密度 ρ 是气压、气温、水汽压的函数，其计算公式为

$$\rho=1.276\frac{p-0.378e}{1000(1+0.00366t)} \tag{8-10}$$

式中　p——气压，hPa；

t——温度，℃；

e——水汽压，hPa。

8.1.6.2　风功率密度计算

风功率密度是气流垂直通过单位面积（风轮面积）的风能，它是表征一个地方风能能源多少的指标。因此在风能公式相同的情况下，将风能面积定为 $1m^2$（$A=1m^2$）时，风能具有的功率为

$$w=\frac{1}{2}\rho v^3 \tag{8-11}$$

衡量一地的风能大小，要视常年平均风能的多少而定。由于风速是一个随机性很大的量，必须通过一定长时间的观测来了解它的平均状况。因此，在一段时间（如一年）长度内的平均风功率密度$\overline{w}$可以将上式对时间积分后平均，即

$$\overline{w}=\frac{1}{T}\int_0^T\frac{1}{2}\rho v^3\mathrm{d}t \tag{8-12}$$

式中　T——时长总数，h。

8.1.6.3　平均风功率密度计算

根据风功率密度的定义式，w 为 ρ 和 v 两个随机变量的函数，对一地而言，空气密度 ρ 的变化可忽略不计，因此，应有的变化主要是由 v^3 随机变化所决定，这样 w 的概率密度分布只决定风速的概率分布特征，即

$$P(v)=\frac{1}{2}\rho E(v^3) \tag{8-13}$$

风速立方的数学期望为

$$\begin{aligned}E(v^3)&=\int_0^\infty v^3f(v)\mathrm{d}v\\&=\int_0^\infty\frac{k}{c}\left(\frac{v}{c}\right)^{k-1}\exp\left[-\left(\frac{v}{c}\right)^k\right]v^3\mathrm{d}v\\&=\int_0^\infty v^3\exp\left[-\left(\frac{v}{c}\right)^k\right]\mathrm{d}\left(\frac{v}{c}\right)^k\\&=\int_0^\infty c^3\left(\frac{v}{c}\right)^3\exp\left[-\left(\frac{v}{c}\right)^k\right]\mathrm{d}\left(\frac{v}{c}\right)^k\end{aligned} \tag{8-14}$$

令 $y=\left(\frac{v}{c}\right)^k$，即 $\frac{v}{c}=y^{1/k}$，$\left(\frac{v}{c}\right)^3=y^{3/k}$，则

$$E(v^3)=\int_0^\infty c^3 y^{3/k}\exp(-y)\mathrm{d}y=c^3\int_0^\infty y^{3/k}\exp(-y)\mathrm{d}y=c^3\Gamma\left(\frac{3}{k}+1\right) \tag{8-15}$$

可见，风速立方的分布仍然是一个威布尔分布，只不过它的形状参数变为 $3/k$，尺度参数为 c^3，因此，只要确定了风速威布尔分布的两个参数 c 和 k，风速立方的平均值即可以确定，平均风功率密度便可求得，即

$$\overline{w}=\frac{1}{2}\rho c^3\Gamma\left(\frac{3}{k}+1\right) \tag{8-16}$$

8.1.6.4 有效风功率密度计算

在有效风速范围（风力发电机组切入风速到切出风速之间的范围）内，设风速分布为 $f'(v)$，风速立方的数学期望为

$$\begin{aligned}E'(v^3)&=\int_{v_1}^{v_2}v^3 f'(v)\mathrm{d}v\\&=\int_{v_1}^{v_2}v^3\frac{f(v)}{v(v_1\leqslant v\leqslant v_2)}\mathrm{d}v\\&=\int_{v_1}^{v_2}v^3\frac{p(v)}{p(v_1\leqslant v\leqslant v_2)}\mathrm{d}v\\&=\int_{v_1}^{v_2}v^3\frac{\left(\frac{k}{c}\right)\left(\frac{v}{c}\right)^{k-1}\exp\left[-\left(\frac{v}{c}\right)^k\right]}{\exp\left[-\left(\frac{v_1}{c}\right)^k\right]-\exp\left[-\left(\frac{v_2}{c}\right)^k\right]}\mathrm{d}v\\&=\frac{k/c}{\exp\left[-\left(\frac{v_1}{c}\right)^k\right]-\exp\left[-\left(\frac{v_2}{c}\right)^k\right]}\int_{v_1}^{v_2}v^3\left(\frac{v}{c}\right)^{k-1}\exp\left[-\left(\frac{v}{c}\right)^k\right]\mathrm{d}v\end{aligned} \tag{8-17}$$

因此有效风功率密度便可计算出来，得

$$w=\frac{1}{2}\rho E'(v^3)=\frac{1}{2}\rho\frac{k/c}{\exp\left[-\left(\frac{v_1}{c}\right)^k\right]-\exp\left[-\left(\frac{v_2}{c}\right)^k\right]}\int_{v_1}^{v_2}v^3\left(\frac{v}{c}\right)^{k-1}\exp\left[-\left(\frac{v}{c}\right)^k\right]\mathrm{d}v \tag{8-18}$$

8.1.6.5 风能可利用时间计算

在风速概率分布确定以后，可以计算风能的可利用时间，即

$$\begin{aligned}t&=N\int_{v_1}^{v_2}f(v)\mathrm{d}v\\&=N\int_{v_1}^{v_2}\frac{k}{c}\left(\frac{v}{c}\right)^{k-1}\exp\left[-\left(\frac{v}{c}\right)^k\right]\mathrm{d}v\\&=N\left\{\exp\left[-\left(\frac{v_1}{c}\right)^k\right]-\exp\left[-\left(\frac{v_2}{c}\right)^k\right]\right\}\end{aligned} \tag{8-19}$$

式中 N——统计时间段的总时间，h；

v_1——风力发电机组的切入速度，m/s；

v_2——风力发电机组的切出速度，m/s。

一般年风能可利用时间在 2000h 以上时，可视为风能可利用区。

8.1.6.6　风电场年发电量计算

单机年发电量为年平均各等级风速（有效风速范围内）的风速小时数乘以此风速等级对应的风力发电机组输出功率的总和。其计算公式为

$$G=\sum N_i P_i \tag{8-20}$$

式中　G——发电量，kW·h；

N_i——相应风速等级出现的全年累计小时数，h；

P_i——风力发电机组在此等级风速下对应输出功率，kW。

风电场年发电量为各单机年发电量总和。计算采用的风力发电机组功率表或功率曲线图必须是厂家提供的、由权威机构测定的风力发电机组功率表或功率曲线图。标准空气密度是指标准大气压下的空气密度，一般为 1.225kg/m^3。在标准空气密度下，风力发电机组的输出功率与风速的关系曲线称为该风力发电机组的标准功率曲线。

由上可知，只要确定威布尔分布参数 c 和 k 之后，平均功率密度、有效风功率密度和风能可利用小时数都可以方便求得。另外，知道了分布参数 c 和 k，风速的分布形式便给定了，具体风力发电机组设计各参数同样可以确定，而无须逐一查阅和重新统计所有风速观测资料，它无疑给实际使用带来许多方便。一些研究结果还表明，威布尔分布不仅可用于拟合地面风速分布，也可以拟合高层风速分布，其参数在近地层中随高度的变化有一定的规律性。当知道了一个高度风速分布参数，便不难根据这种规律求出近地层中任意高度风速的威布尔分布参数。由于这些特点，使得用威布尔分布拟合风速频率分布较之用其他分布拟合更为方便。

8.1.6.7　测站 50 年一遇最大风速 $v_{50-\max}$

风速的年最大值 x 采用极值Ⅰ型概率分布表示，其分布函数为

$$F(x)=\exp\{-\exp[-\alpha(x-u)]\} \tag{8-21}$$

式中　u——分布的位置参数；

α——分布的尺度参数。

分布的参数与均值 $\bar{v}$ 和标准差 σ 的关系确定为

$$\bar{v}=\frac{1}{n}\sum_{i=1}^{N} v_i \tag{8-22}$$

$$\sigma=\sqrt{\frac{1}{n-1}\sum_{i=1}^{n}(v_i-\bar{v})^2} \tag{8-23}$$

$$\alpha=\frac{c_1}{\sigma} \tag{8-24}$$

$$u=\bar{v}-\frac{c_2}{\alpha} \tag{8-25}$$

式中　v_i——连续 n 个最大风速样本序列，$n\geqslant 15$。

风速计算参数见表 8-3。

测站 50 年一遇最大风速计算公式为

$$v_{50-\max}=u-\frac{1}{\alpha}\left[\ln\left(\frac{50}{50-1}\right)\right] \tag{8-26}$$

实际上，一个风场的极端气象条件对风机载荷的评估和风场的分级有着重要影响。在最大阵风速和最大 10min 平均风速之间存在紧密联系。

表8-3 风速计算参数表

n	c_1	c_2	n	c_1	c_2
15	1.02057	0.51820	70	1.18536	0.55477
20	1.06283	0.52355	80	1.19385	0.55688
25	1.09145	0.53086	90	1.20649	0.55860
30	1.11238	0.53622	100	1.22471	0.56002
35	1.12847	0.54034	250	1.24292	0.56878
40	1.14132	0.54362	500	1.25880	0.57240
45	1.15185	0.54630	1000	1.26851	0.57450
50	1.16066	0.54853	∞	1.28255	0.57722
60	1.17465	0.55208			

设计风机时，要统计以下极值风速：预计 50 年内所出现的 10min 平均风速最高值 v_{m50}；最大阵风 v_{e50}，即 50 年内出现的 3s 平均风速极大值，最大阵风 v_{e50} 可由 10min 平均风速最高值 v_{m50} 和估算出的湍流强度 I_t 来计算，即

$$v_{e50}=v_{m50}(1+2.8I_t) \tag{8-27}$$

式（8-27）中 I_t 前的系数 2.8 是通过在地面上不同高度测量而得到的，与统计时间段（10min）内的风速无关，称为阵风因子。

由于极大风速对风力机的设计至关重要，风电场规划时要综合考虑风力机的技术发展状况，在进行微观选址时尽量避开极风速区，对风机进行合理的布置。对 8.1.5 和 8.1.6 两节更为详细的说明，可参考文献［62］。

8.1.7 功率特性测定

国家标准《风力发电机组 功率特性测试》（GB/T 18451.2—2012）规定了测试单台风力发电机组功率特性的方法。该标准适用于所有类型和容量的并网风力发电机组。同时，国家标准《离网型风力发电机组 第 2 部分 试验方法》（GB/T 19068.2—2003）给出了适用于风轮扫掠面积 $40m^2$ 以下的离网型风力发电机组输出功率的试验方法，国家标准《离网型风力发电机组 第 3 部分 风洞试验方法》（GB/T 19068.3—2003）也给出了适用于风轮扫掠面积不大于 $40m^2$ 的离网型风力发电机组输出功率的试验方法。具体在对垂直轴风力机进行功率特性测定时，应根据风力机的风轮扫掠面积和实际条件参考相应国家标准中的方法进行试验测定。在同样功率下，垂直轴风力机的额定风速较现有水平轴风力机要小，并且它在低风速运转时发电量也较大。

8.1.7.1 测试场地

在对风力发电机组进行功率特性测定时，应在测试场地待测风力发电机组附近竖立测风塔，以确定风力发电机组的风速。测试场地可能会对待测风力发电机组功率特性产生重大影响。特别是气流畸变可能引起测风塔上风速与风力发电机组的风速不同，尽管彼此是相关的。

测试前，需要对测试场地可能引起的气流畸变的因素进行评估，具体作用如下：

（1）选择测风塔安装位置。

（2）确定合适的测量扇区。

(3) 评估适当的气流畸变修正系数。

(4) 评定气流畸变引起的不确定数。

应特别考虑以下因素：

(1) 地形变化。

(2) 其他风力发电机组。

(3) 障碍物（建筑物，树林等）。

测风塔的位置、测量扇区及其他因素等详见国家标准《风力发电机组 功率特性测试》(GB/T 18451.2—2012) 中的说明。

8.1.7.2 测试设备

风力发电机组净功率的测量应采用功率测量装置（例如：功率变送器），并基于每相的电流和电压进行。

电流互感器或电压互感器、功率测量装置的选择和风速、风向、空气密度等的测量都应满足相关要求，详见国家标准《风力发电机组 功率特性测试》(GB/T 18451.2—2012) 中的说明。

8.1.7.3 测量程序

测量程序的目标是采集满足一系列明确定义要求的数据，测量程序应确保这些数据有足够的数量和质量，以精确确定风力发电机组功率特性。测量程序应详细记录，使每个步骤和测试条件都可以重新查看，如有必要，可以重复测量。

测量程序的具体步骤包括运行风力发电机组、数据收集、数据筛选、数据修正等。详细内容见国家标准《风力发电机组 功率特性测试》(GB/T 18451.2—2012) 中的说明。

8.1.7.4 测量功率曲线的确定

测量功率曲线是对标准化后的数据组用“区间法”确定的，即用 0.5m/s 的区间，依据式 (8-28) 和式 (8-29) 对每一风速区间计算标准化后的风速平均值和标准化后的输出功率平均值得到

$$v_{\mathrm{i}} = \frac{1}{N_{\mathrm{i}}}\sum_{j=1}^{N_{\mathrm{i}}} v_{\mathrm{n,i,j}} \tag{8-28}$$

$$P_{\mathrm{i}} = \frac{1}{N_{\mathrm{i}}}\sum_{j=1}^{N_{\mathrm{i}}} P_{\mathrm{n,i,j}} \tag{8-29}$$

式中 v_{i}——第 i 个区间标准化的平均风速，m/s；

$v_{\mathrm{n,i,j}}$——第 i 个区间数组 j 标准化的风速，m/s；

P_{i}——第 i 个区间标准化的平均输出功率，kW；

$P_{\mathrm{n,i,j}}$——第 i 个区间数组 j 标准化的平均输出功率，kW；

N_{i}——第 i 个区间内 10min 数组的数目。

8.2 风场选址

风电场选址作为风电场建设项目的前期工程，对风电场效益及风电场建设的成败起着重要的作用。然而如何选取合适的风电场场址已成为现阶段亟须解决的问题。在风电场选

址优化的过程中，工程技术人员经常面临从一系列在技术上满足要求的方案中进行选择的问题。由于风电场选址问题具有各种不确定性的因素，影响着最终的实际发电效果，同时对机组的安全稳定运行造成影响，因此，研究风电场选址方案是当前工程技术人员的第一要务。

8.2.1 宏观选址

风电场选址一般包括宏观选址与微观选址。宏观选址是指在一个较大范围的地域内，通过对气象、地理条件等多方面进行综合考察，然后选择一个或多个风能资源丰富且有利用价值的小区域过程。

1. 宏观选址基本原则

(1) 风电场的场址选择应根据中长期电力规划、运输条件、地区自然条件和建设计划等因素全面考虑。在选择场址工作中，应从全局出发，正确处理场址和农业、工业、国防设施和人们生活等方面的关系。

(2) 选择场址时，应注意节约用地，尽量利用荒地和劣地；还应注意少拆迁房屋，减少人口搬移；尽量减少土石方量。

(3) 风电场用地范围应根据建设和施工的需要，按规划容量确定。

(4) 在场址自然条件许可时，应考虑风电场扩建的可能性。

2. 宏观选址的技术规定

(1) 建设风电场最基本的条件是要有能量丰富、风向稳定的风能资源，选择风电场场址时应尽量选择风能资源丰富的场址，如年平均风速较高、风功率密度大、风频分布好、可利用小时数高等。根据我国风能资源的实际情况，风能丰富区指标定为年平均风速在6m/s以上，年平均有效风能功率密度不小于300W/m^2，3～25m/s风速小时数在5000h以上。

(2) 现有测风数据是最有价值的资料，中国气象科学研究院和部分省区的有关部门绘制了全国或地区的风能资源分布图，按照风功率密度和有效风速出现小时数进行风能资源区划，标明了风能丰富区域，可用于指导宏观选址。有些省区已进行过风能资源的测量，可以向有关部门咨询，尽量收集候选场址已有的测风数据或已建风电场的运行记录，对场址风能资源进行评估。

(3) 风电场场址选择时应尽量靠近合适电压等级的变电站或电网，并且网点容量应足够大。

(4) 风电场场址选择应尽量选择对外交通方便的区域。风能资源丰富的地区一般都在比较偏远的地区，如山脊、戈壁滩、草原、海滩和海岛等，大多数场址需要拓宽现有道路并新修部分道路以满足设备的运输。在风电场选址时，应了解候选风场周围交通运输情况，对风况相似的场址，尽量选择那些离已有公路较近，对外交通方便的场址，以利于减少道路的投资。

(5) 施工安装条件。收集候选场址周围地形图，分析地形情况。若地形复杂，则不利于设备的运输、安装和管理，装机规模也受到限制，难以实现规模开发，场内交通道路投资相对也大。场址选择时在主风向上要求尽可能开阔、宽敞，障碍物尽量少、粗糙度低，对风速影响小。另外，应选择地形比较简单的场址，以利于大规模开发及设备的运输、安装和管理。

(6) 为了降低风电场造价，风电场工程投资中，对外交通以及送出工程等配套工程投资所占比例不宜太大。在风电场规划选址时，应根据风电场地形条件及风况特征，初步拟定风电场规划装机规模，布置拟安装的风力发电机组位置。对风电特许权项目（风力资源区所在地政府或其授权公司，在对风力资源初步勘测基础上，划定一块有商业开发价值、可安装适当规模风力发电机组的风力资源区，通过招标选择业主；中标业主应按特许权协议的规定承担项目的投资、建设和经营），应尽量选择那些具有较大装机规模的场址。

(7) 在风电场选址时，应尽量选择地震强度小、工程地质和水文地质条件较好的场址。来满足风力发电机组基础持力层的岩层或土层应厚度较大、变化较小、土质均匀、承载力能满足风力发电机组基础的要求。

(8) 环境保护要求。风电场选址时应注意与附近居民、工厂、企事业单位（点）保持适当距离，尽量减小噪音污染；应避开自然保护区、珍稀动植物地区以及候鸟保护区和候鸟迁徙路径等。另外，候选风电场场址内树木应尽量少，以便在建设和施工过程中少砍伐树木。

(9) 风电发展原则。规模开发与分散开发相结合。如我国“三北”地区（西北、华北和东北）和东部沿海风能资源丰富地区可实行规模化发展等。

3. 宏观选址阶段划分

宏观选址大体可分为3个阶段。

初评阶段：参照我国国家风能资源分布区划，在风能资源丰富或较丰富地区选出一个或几个待选区域。待选区需要具备以下特点：有丰富的风能资源；在经济上有开发利用的可行性；风能品质好。

筛选阶段：在待选的风能资源区进行进一步筛选，择优选取有开发前景的场址。这一阶段主要考虑一些非气象因素的作用，例如交通、投资、土地、通信、并网条件等。

测风阶段：对准备开发建设的场址进行具体分析；利用自立测风塔进行现场测风，以取得足够的精确数据；考虑风力发电机组输出对已有电网系统的影响；进行风电场的初步工程设计；对场址建设运行的经济效益与社会效益进行评价。

8.2.2 微观选址

微观选址是在宏观选址的基础上，考虑地形、地貌、交通等因素，在既定的那些小区域中进行筛选，并进一步对风力发电机组进行选型及布局，使得整个风电场具有良好的经济、社会效益的过程。国内外的研究表明，风电场选址的失误造成的发电量损失和增加的维修费用将远远大于对场址进行详细调查的费用，因此对风电场的微观选址要加以重视。

1. 微观选址的基本原则

(1) 在风功率密度高的地点布置风力发电机组，使产能最大化。

(2) 尽量集中布置风力发电机组，可以减少风电场的占地面积，充分利用土地，在同样面积土地上安装更多的机组，可减少电缆和场内道路长度，降低工程造价，降低场内线损。

(3) 尽量减少风力发电机组的尾流影响。

(4) 避开障碍物的尾流影响区，在障碍物的下游会形成尾流扰动区，在尾流区，不仅风速会降低，而且还会产生很强的湍流，对风力发电机组运行十分不利。因此在设置风力发电机组时必须要注意避开障碍物的尾流区。

(5) 满足风力发电机组的运输条件和安装条件，机位附近要有足够的空间进行作业。

(6) 视觉上要尽量美观。

2. 微观选址的技术步骤

(1) 确定盛行风风向。

(2) 对地形分类，包括平坦地形、复杂地形等。

(3) 考虑湍流作用及尾流效应的影响。

(4) 确定风力发电机组的最佳安装间距和台数。

(5) 综合考虑其他影响因素，最终确立风电场的微观布局。

微观选址的技术路线如图 8-4 所示。

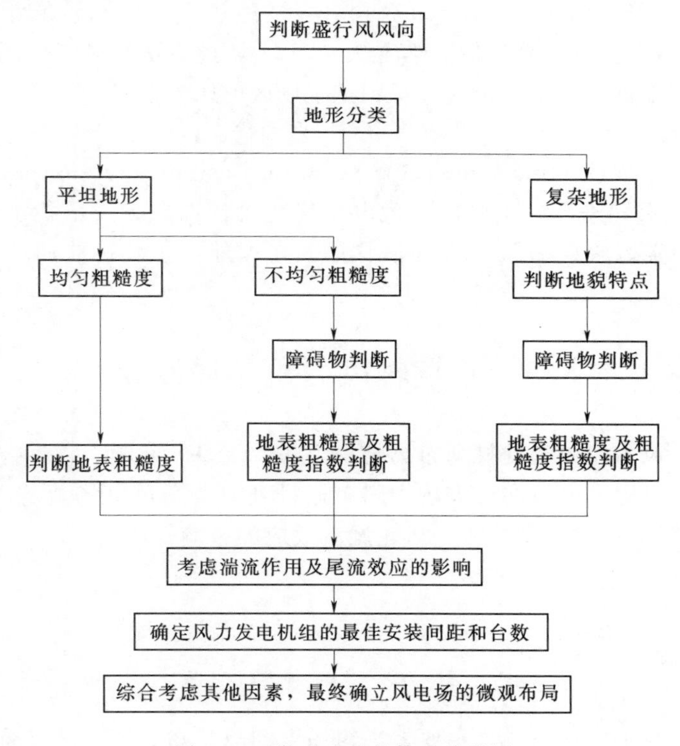

图 8-4 微观选址的技术路线图

8.2.3 常用的风场选址软件

风电场选址软件主要分为两大类：适用于较简单地形的 WAsP（线性模型）类和适用于复杂地形的 CFD（非线性模型）类。具有代表性的软件如下所示。

1. WAsP

20世纪80—90年代，丹麦Riso国家实验室在Jacksonhe Hunt理论基础上，开发了用于风电场选址的资源分析工具软件WAsP。20世纪90年代后期，Riso实验室发展了将中尺度数值模式KAMM与WAsP模式相结合的区域风能资源评估方法，利用网格尺度为2～5km的中尺度KAMM模式输出结果驱动WAsP，从而得到具有较高分辨率的风资源分布图。但WAsP本身采用线性模型计算方法，有一定的局限性，对复杂的地形会带来计算结果的不确定性。所以WAsP对地形相对简单、地势较平坦的地区较适用，但对较复杂地形，由于受许多边界条件等的限制，不太适合采用。

2. WindPRO

WindPRO不但具备了WASP的所有优点，而且以方便灵活的测风数据分析手段，可进行不同高度测风数据比较，提供多种尾流模型的风电场发电量计算，进行风电场规划区域的极大风速计算，具备不断更新的风力发电机组数据库等优势，从而被广泛使用。

3. WT

Meteodyn WT是由法国Meteodyn公司开发的适用于任何地形条件的风流自动测算软件，Meteodyn WT使用计算流体力学方法（CFD），此方法在风资源评估中的优点是能减少复杂地形条件下评估的不确定性，得到整个场区的风流情况。

4. WindFarmer

风电场优化设计软件WindFarmer（Wind Farm Design & Optimization Software）是由WINDOPS有限公司开发，主要用于风电场优化设计即风力发电机组微观选址，是通过GL认证和相关实地验证的风资源评估软件。在国外，尤其在欧洲国家，已得到广泛应用。

8.3 垂直轴风力机布局设计

在风电场中，风力发电机的排列布局是一个非常重要的问题，它将直接影响到风电场的实际年发电量。风力发电机在风电场中的布局排列取决于风电场地域内的风况（风速、风向等）、地形、风力机的类型结构、风轮尾流效应的影响等因素。

8.3.1 影响因素

8.3.1.1 地形影响

1. 平坦地形

当风电场预建在平坦地形时，主要考虑粗糙度和障碍物对风力机布局的影响。

（1）地表粗糙度。地表粗糙度是反映地表起伏变化与侵蚀程度的指标，风电场地表覆盖物特征会对风电场风能的输出产生重要的影响。当地表粗糙度在某一位置变化较快时，该处的风速廓线将变得非常复杂。在这类的边缘位置上（由粗糙变为平滑或由平滑变为粗糙时），在下风方向要经过一段距离，才能使风况重新适应新的粗糙度，一般将这一距离称为“过渡区”。地表粗糙度的增加会导致近地面风速的减小，且增强近地面的湍流强度。随着高度的增加，地表粗糙度对风速及湍流强度的影响将逐渐减弱，当到达一定高度后，

其影响可忽略不计。

(2) 障碍物的影响。风流经障碍物时，会在其后面产生不规则的涡流，致使流速降低，这种涡流随着来流远离障碍物而逐渐消失。障碍物对风速的影响主要取决于障碍物距考察点的距离、障碍物的高度、考察点的高度、障碍物的长度以及障碍物的穿透性。根据经验，当距离大于障碍物高度20倍以上时，涡流可完全消失，所以布置风力机时，应远离障碍物高度20倍以上。

2. 复杂地形

复杂地形大致可以分为隆升地形和低凹地形等两类。复杂地形下的风力特性分析很困难，但如果了解了典型地形下的风力分布规律就可能进一步分析复杂地形下的风电场分布方法。

(1) 山区地形中的风电场。山谷地形由于山谷风的影响，风将会出现明显的日或季节变化。因此选址时需考虑到用户的要求。一般地说，在谷地选址时，首先要考虑的是山谷风走向是否与当地盛行风相一致。

对于山丘、山脊等隆起地形，主要利用它的高度抬升和它对气流的压缩作用来选择风力发电机组的有利地形。如孤立的山丘或山峰由于山体较小，因此气流流过山丘时主要形式是绕流运动，同时山丘本身又相当于一个巨大的塔架，是比较理想的风力发电机组安装场址。国内外研究和观测结果表明，在山丘和盛行风向相切的两侧上半部是最佳场址位置。这里的气流得到最大的加速。其次是山丘的顶部，应避免在整个背风面及山麓选作场址，因为这些区域不但风速明显降低，而且湍流很强。

(2) 海陆地形对风场的影响。除山区地形外，风力发电机组选址中遇到最多的就是海陆地形。由于海面摩擦阻力比陆地要小，在气压梯度力相同的条件下，低层大气中海面上的风速比陆地上要大。因此，各国选择大型风力发电机组位置有两种：一是选在山顶上，但这些站址多数远离电力消耗的集中地；二是选在近海，这里的风能潜力比陆地大20%以上，所以很多国家都在近海建立风电场。

8.3.1.2 尾流效应影响

经过风轮的气流相对于风轮前的气流来说，速度减小，湍流度增强，该部分气体所在区域即称为风力发电机尾流区。风力发电机尾流区可以划分为近尾流区和远尾流区两个截然不同的区域。近尾流区指的是靠近风轮在风轮后方大致一个风轮直径长的区域，近尾流区的研究着眼于功率提取的物理过程和风力发电机组性能。风轮的作用可以由叶片的数量，叶片空气动力学特征如失速流动、三维效应和叶尖涡来体现；远尾流区是近尾流区以后的部分，着重研究风电场中风力发电机组群的作用。有时在近尾流区和远尾流区之间定义一个过渡区。

风力发电机组之间的影响主要表现为上游风力发电机组的尾流效应对位于其下游的风力发电机组的影响。风力发电机组在风电场中运行，空气来流经过旋转的风轮后会发生方向和速度的变化，这种对初始空气来流影响就称之为风力发电机组的尾流效应。一个大型的风电场中风力发电机组的数量可达数百台，风力发电机组产生的尾流效应对风场内的空气流场产生一定程度的影响，进而影响到位于其后的风力发电机组。

风力发电机组功率与风速的三次方成正比，当风速有一个微小变化时，功率就有一个

很大的变化，由于风力发电机组尾流效应的发展是在整个风场范围内，风场中相邻两台风力机组的尾流相遇时会产生效果的叠加，处在尾流叠加区域内的风力发电机组的输出得不到保证，风力发电机组尾流效应的存在将大大减少下游风力发电机组的输出，所以风场布置时要尽量减少风力发电机组尾流效应对其下游风力发电机组的影响。

另外，尾流效应对下游风力发电机组使用寿命也有一定的影响，由于风力发电机组尾流效应增加空气的湍流程度，处于风力发电机组尾流区域中的风力发电机组风轮在尾流涡流中运行，空气来流除自身的切变外又加上湍流的影响使风力发电机组叶片受到的升力、阻力的不均匀性在叶片长度上增大，增大风轮叶片的内应力，影响风轮的使用寿命。

在风力机后面的尾流会自然而然地被考虑为一个比风力机本身直径大得多的风速减小的区域。风速的减小直接与风力机的升力系数相关，因而决定了从气流中吸收的能量。由于这种风速减小的区域与下游对流，在尾流和自由气流之间风速梯度会引起附加的切变湍流。这样会有助于周边的气流和尾流之间的动量转换。因此，尾流和尾流周围的气流开始混合，并且混合区域向尾流的中心扩散。同时，向外扩散使尾流的宽度增大。通过这种方式，逐渐消除了尾流中速度的差异，并且使尾流变得更宽但是却更浅，直到这个气流在下游远处完全恢复为止。这种现象发生的比例取决于大气湍流的等级高低。

8.3.2 风机排列布置形式

风电场风力发电机组的优化布局是风电场选址工作中的一项重要环节，其布置方案的优劣直接决定风电场的发电量，从而影响到风电场的经济性水平。由于风力发电机组的尾流效应，气流经过每台风机之后速度都会降低。如果风力发电机组排列过密，风力发电机组之间的相互影响将会大幅度地降低排列效率，减小发电量，并且增大由于风力发电机组尾流引起的湍流强度，产生的强紊流将造成风力发电机组和风轮面的振动，恶化机组载荷状态，带来不安全因素。反之，如果排列过疏，发电量增加效果不明显，同时增加了道路、电缆等投资费用以及降低了土地利用率。通常在实际风电场开发建设中，由于各种限制因素的制约，风电场区域边界已确定，因此，在确定的风电场边界和风能资源情况下，应保证风力发电机组间相互影响最小化。

在最初的研究中，风电场风力发电机组优化布置理论基本属于经验性结论，对于水平轴风力机而言，其布置方式基本为规则的行列式布置，这些基于经验判断给出的布置方式在一定程度上和特定阶段指导了风电场风力发电机组优化布置的探索研究和工程应用。实际上，不同风电场和风力发电机组类型的风机最优布置是不相同的，依据现有经验成果只能在一定条件范围内作为风力发电机组优化布置设计的参考。相比于水平轴风力机，垂直轴风力机没有偏航系统，无需对风，因而其布置形式对风向的要求较低，主要考虑因素为风速。

在风力发电机组布置中，风力发电机组布置间距是一个重要参数，风力发电机组布置间距（中心点间距）包括垂直于盛行风方向的横向间距和盛行风方向的纵向间距。前人基于经验的研究结论是：风机的最小横向间距范围为 $2D_0 \sim 5D_0$（D_0 为风轮直径），最小纵向间距范围为 $5D_0 \sim 12D_0$。实际上，风电场风力发电机组的横向、纵向间距应该按“在

盛行风向上，上游风力发电机组尾流对下游其他风力发电机组出力无影响或影响很小”的原则确定，即对于不同的风电场，其最优风力发电机组间距是不同的，应根据风场区域形状及尺寸、风力发电机组类型等因素经综合优化设计计算后确定。

对于风电场区域无限制的情况，风力发电机组的最优纵向间距可按“上游风力发电机组尾流风速恢复至90%”的原则确定，即确定风力发电机组的最优纵向间距首先应研究确定风力发电机组尾流风速的变化规律。关于风力发电机组的最优横向间距，可按“上游风力发电机组尾流对其他列的风力发电机组出力无影响或影响很小”的原则选取，即确定风力发电机组的最优横向间距首先应研究确定风力发电机组尾流影响区域的变化规律。尾流影响直径的变化曲线如图8-5所示，x为风力发电机组后沿轴向的距离，y为尾流影响直径，由图可知，风力发电机组尾流影响范围（即影响区域直径）随着下游距离的增加而增加，当风场布置2排风机时，风力发电机组最小横向间距应为$2.5D_0$；风场布置3排风机时，风力发电机组最小横向间距应为$3D_0$；随着风力发电机组布置排数的增多，风力发电机组的最小横向间距也应适当增大。对于风电场区域确定的情况，受风场尺寸以及风电场开发经济性等因素的限制，风力发电机组最优布置间距一般需根据风场具体情况适当调整。

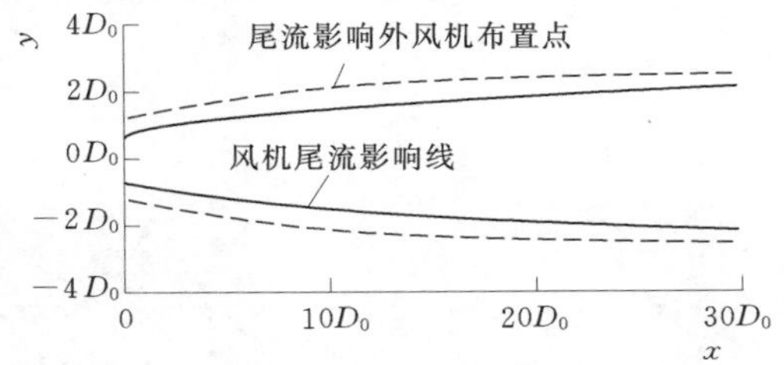

图8-5 尾流影响直径的变化曲线

除了依据前人经验结果，越来越多学者提出了基于不同优化算法的风力发电机组优化布置计算方法，通过建立相应的数学模型，利用不同的优化算法对风力发电机组优化布置问题进行研究，这些方法为研究风力发电机组优化布置问题提供了新的思路，其研究成果也为风电场风力发电机组优化布置的研究和实际风电场工程的设计提供了重要的参考。

8.4 不同风电场垂直轴风力机综合应用

随着我国国产风力机设备的自主制造能力不断加强，风电设备制造业面临难得的历史发展机遇。总的说来，相对于传统的水平轴风力机，垂直轴风力机具有设计方法先进、风能利用率较高、无噪声等众多优点，具有广阔的市场应用前景。垂直轴风力机以其独特的优点也备受世界的关注，垂直轴风力机的发展主要依赖于技术创新和国家政策的支持，两者相辅相成。

目前，垂直轴风力机已经应用到日常生活中，其不仅仅具有发电的用途还形成了一道别致的风景线。

1. 公路边使用的风光互补路灯系统

风光互补路灯如图8-6所示，全新离网型风光互补路灯的使用，完美融合风能和太阳能两大可再生能源。

新型路灯系统的融入，简洁、现代、优雅，使城市街道成为一道别样的风景。

2. 埃菲尔铁塔中安装的垂直轴风力机

2015年2月26日，据亚洲流体网报道，近30年都未曾大规模升级的埃菲尔铁塔如今进行了一番现代化翻新，安装了LED灯、太阳能电池板和两台定制的VisionAIR 5风力涡轮机。它每年可以产生1万kW的能量，足以供应铁塔一楼（每年商用接待700万旅客）的用电量并且完美地与铁塔的材质结构相结合，在高处默默运行。埃菲尔铁塔上的垂直轴风力机如图8-7所示。

图8-6　风光互补路灯

图8-7　埃菲尔铁塔上的垂直轴风力机

3. 环保充电桩的建设

突破传统给电动汽车带来全新的可再生能源体验。随着人们对环境问题的日益关注，全球领先的可再生能源解决方案供应商UGE希翼与GE能源携手，共同研发并推出San ya Skypump环保电动汽车充电站，开启电动汽车充电的新时代。San ya Skypump环保电动汽车充电站是由UGE希翼自主研发的San ya SL风光互补路灯和GE Wattstion完美结合而成，可用于替代传统充电站。环保充电桩如图8-8所示。

图8-8　环保充电桩

环保充电桩设计优雅、易于安装、稳定高效、绿色环保，目前，San ya Skypump 已在西班牙成功安装、运行。

4. 垂直轴风力机在居民区的应用

2011 年 1 月，32 台 UGE eddyGT 垂直轴风力机落户美国 St. Louis 郊区的 Lexington Farm 社区，形成一道美丽的景观。这是美国同类社区中首个获得 LEED 白金认证的社区。居民区中的风力机如图 8-9 所示。

(a) 螺旋型垂直轴风力机

(b) H 型垂直轴风力机

图 8-9 居民区中的风力机

除此以外，垂直轴风力机也在逐渐应用到我们生活中的更多领域，如海岛用电系统、酒店用电照明系统中的使用以及在通信、能源设备中的应用等。海岛上的风力机如图 8-10 所示，通信设备用风力机如图 8-11 所示。

图 8-10 海岛上的风力机

图 8-11 通信设备用风力机

5. 漂浮式海上风电场

漂浮式垂直轴风力发电机组成漂浮式深海风电场，漂浮式海上风力发电机组可以把海上丰富的风力资源转化为更低成本的电能，并且解决了近海风电场的建设成本一般较高的问题，图 8-12 为海上风电场构想图。垂直轴风力机具有成本低、耐用性强的特点，能有效降低海上风电的发电成本，提高经济效益。

现在一般的近海风电场建设成本非常高，主要由于当前由欧洲主导的将海风转变为电能的方法并不是一种低成本的方法，这种方法需要相当高昂的安装成本。

图8-12　海上风电场构想图

通过使用一种低成本的漂浮式垂直轴风力机并且把风电场置于强风区域，将大大增加发电量，从而有效地降低海上风电的成本。

参 考 文 献

[1] Klimas P C. Darrieus rotor aerodynamics [J]. ASME，Transactions，Journal of Solar Energy Engineering，1982，104：102-105.

[2] Allet A，Paraschivoiu I. Viscous flow and dynamic stall effects on vertical-axis wind turbines [J]. International Journal of Rotating Machinery，1995，2 (1)：1-14.

[3] Masson C，Leclerc C，Paraschivoiu I. Appropriate dynamic-stall models for performance predictions of VAWTs with NLF blades [J]. International Journal of Rotating Machinery. 1998，4 (2)：129-139.

[4] Dyachuk E，Goude A. Simulating Dynamic Stall Effects for Vertical Axis Wind Turbines Applying a Double Multiple Streamtube Model [J]. Energies，2015，8 (2)：1353-1372.

[5] Anderson，J. D. Fundamentals of aerodynamics [M]. Boston：McGraw-Hill，2001.

[6] [美] 伊恩·帕拉斯基沃尤．垂直轴风力机原理与设计 [M]. 李春，叶舟，高伟，译．上海：上海科学技术出版社，2013.

[7] 张凯．立轴风力机空气动力学与结构分析 [D]. 重庆：重庆大学，2007.

[8] 廖康平．垂直轴风机叶轮空气动力学性能研究 [D]. 哈尔滨：哈尔滨工程大学，2006.

[9] 李春，叶舟，高伟，等．现代陆海风力机计算与仿真 [M]. 上海：上海科学技术出版社，2012.

[10] 纪兵兵，陈金瓶．ANSYS ICEM CFD 网格划分技术实例详解 [M]. 北京：中国水利水电出版社，2012.

[11] 潘盼，蔡新，朱杰，等．基于 CFD 技术的垂直轴风力机关键气动问题研究 [C]. 中国计算力学大会，2012：1-10.

[12] 张建新，蔡新，潘盼．H 型垂直轴风力机启动性能分析 [J]. 水电能源科学，2013 (5)：243-246.

[13] 蔡新，潘盼，朱杰，等．基于 CFD 技术的垂直轴风力机动态尾流特性研究 [J]. 计算力学学报，2014 (05)：675-680.

[14] 舒超．螺旋式叶片垂直轴风力机气动性能研究 [D]. 南京：河海大学，2015.

[15] 杨益飞，潘伟，朱熀秋．垂直轴风力发电机技术综述及研究进展 [J]. 中国机械工程，2013，5：703-709.

[16] 胡瑞华，胡魁华，宋邦才．天然纤维加强复合材料及其在汽车工业中的应用 [J]. 汽车工艺与材料，2007 (3)：61-63.

[17] 胡瑞华，李红霞，王永伟，等．一种新型小型垂直轴风力发电机叶片的设计与制造技术 [J]. 可再生能源，2013，12：73-76.

[18] 陈兴华，吴国庆，曹阳，等．垂直轴风力发电机结构研究进展 [J]. 机械设计与制造，2011，8：84-86.

[19] 田海姣．巨型垂直轴风力发电机组结构静动力特性研究 [D]. 北京：北京交通大学，2007.

[20] 蔡新，潘盼，朱杰，等．风力发电机叶片 [M]. 北京：中国水利水电出版社，2014.

[21] 李岩．垂直轴风力机技术讲座（五）垂直轴风力机设计与实验 [J]. 可再生能源，2009，05：120-122.

[22] 张婷婷．大型垂直轴风机的优化，动力特性及疲劳研究 [D]. 上海：上海交通大学，2009.

[23] 牛兴海．风电机组中关键零部件的疲劳分析及应用 [D]. 重庆：重庆大学，2012.

[24] R. P. L. Nijssen. Fatigue Life Prediction and Strength Degradation of Wind Turbine Rotor Blade Composites [M]. TU Delft：Delft University of Technology，2006.

[25] 吴富强．纤维增强复合材料寿命预测与疲劳性能衰减研究 [D]. 南京：南京航空航天大学，2008.

[26] 潘盼，蔡新，朱杰，等．风力机叶片疲劳寿命研究概述 [J]. 玻璃钢/复合材料，2012 (4)：129-133.

[27] 赵少汴．常用累积损伤理论疲劳寿命估算精度的试验研究［J］．机械强度，2000（3）：206－209.
[28] 岳勇．风力发电机组机械零部件抗疲劳设计方法的研究［D］．乌鲁木齐：新疆农业大学，2005.
[29] 李德源，叶枝全，陈严，等．风力机叶片载荷谱及疲劳寿命分析［J］．工程力学，2004（6）：118－124.
[30] 姚卫星．结构疲劳寿命分析［M］．北京：国防工业出版社，2003.
[31] 韩宇．大型风力机叶片疲劳寿命分析［D］．北京：华北电力大学，2011.
[32] 张峥，陈欣．风力机疲劳问题分析［J］．华北水利水电学院学报，2008（3）：41－43.
[33] 苏亮．达里厄型垂直轴风力发电机结构可靠性分析研究［D］．杭州：浙江大学，2010.
[34] 成思源，周金平，郭钟宁．技术创新方法- TRIZ 理论与应用［M］．北京：清华大学出版社，2014.
[35] 刘训涛，曹贺，陈国晶．TRIZ 理论及应用［M］．北京：北京大学出版社，2011.
[36] 蔡新，舒超，潘盼，等．一种升阻互补型垂直轴风力机：中国，CN 104314753［P］．2015－01－28.
[37] 曹阳，吴国庆，茅靖峰，等．用于风力发电的垂直轴升阻耦合型风力机：中国，CN 102297079 A［P］．2011－12－28.
[38] 蔡新，潘盼，朱杰，等．一种支撑杆带变桨距角叶片的垂直轴风力发电机：中国，CN 102305182 A［P］．2012－01－04.
[39] 吴国庆，周井玲，廖萍，等．磁悬浮垂直涡轮风力发电机：中国，CN 101532471［P］．2009－09－16.
[40] 张广明，梅磊，王德明．一种五自由度磁悬浮水平轴直驱式风力发电机：中国，CN 102182624［P］．2011－09－14.
[41] 林文奇．一种垂直轴磁悬浮风力发电机：中国，CN 101943128 A［P］．2011－01－12.
[42] 李国坤，曾智勇，谢丹平．全永磁悬浮风力发电机：中国，CN 101034861［P］．2007－09－12.
[43] 刘骁．立式全磁悬浮风力发电机：中国，CN 1948746［P］．2007－04－18.
[44] 茅靖峰，吴国庆，吴爱华，等．全永磁自平衡悬浮垂直轴风力机传动主轴：中国，CN 102878201 B［P］．2013－01－16.
[45] 蔡新，潘盼，朱杰，等．直叶片翼型弯度线与风轮运行轨迹重合的垂直轴风力机：中国，CN 103291540 A［P］．2013－09－11.
[46] 蔡新，潘盼，朱杰，等．一种叶片失速延迟控制的垂直轴风力机：中国，CN 103388556 A［P］．2013－11－13.
[47] 吴国庆，倪红军，周井玲，等．智能型磁悬浮垂直涡轮发电机 LED 路灯：中国，CN 101649986 A［P］．2010－02－17.
[48] Vortex Bladeless. http：//www. forbeschina. com/review/201505/0042639. shtml.
[49] 刘细平，林鹤云．风力发电机及风力发电控制技术综述［J］．大电机技术，2007（3）：17－20.
[50] 吴双群，赵丹平．风力发电原理［M］．北京：北京大学出版社，2011.
[51] J. Twidell，G. Gaudiosi. 海上风力发电［M］．张亮，白勇，译．北京：海洋出版社，2012.
[52] 李建林，许洪华．风力发电中的电力电子变流技术［M］．北京：机械工业出版社，2008.
[53] 王承煦，张源．风力发电［M］．北京：中国电力出版社，2003.
[54] 康勇．变速恒频交流励磁双馈风力发电系统及其控制技术研究［D］．武汉：华中科技大学，2005.
[55] 王国强．垂直轴风力机控制器的研究［D］．深圳：哈尔滨工业大学深圳研究生院，2010.
[56] 渠书丽．垂直轴风力机柱形叶片变速控制单元的研究［D］．哈尔滨：哈尔滨工业大学，2011.
[57] 孙兵．垂直轴风力机变径控制系统研究［J］．可再生能源，2014，(6)：781－785.
[58] 赵海翔，王晓蓉．风电机组的雷击机理与防雷技术［J］．电网技术，2003，27（7）：12－15.
[59] 贺德馨．风工程与工业空气动力学［M］．北京：国防工业出版社，2006.
[60] 段红梅，匡方毅，王璐，等．用 Excel 雷达图制作多彩色风玫瑰图的实用技巧［J］．安徽农业科学，2012，40（1）：397－399.
[61] 丁明，吴义纯，张立军．风电场风速概率分布参数计算方法的研究［J］．中国电机工程学报，2005，25（10）：107－110.

[62] 许昌，钟淋涓．风电场规划与设计 [M]. 北京：中国水利水电出版社，2014.

[63] 赵伟然，徐青山，祁建华，等．风电场选址与风机优化排布实用技术探 [J]. 电力科学与工程，2010，26 (3)：1-4.

[64] 牟磊，刘天龙．利用 STRM 和 NCWP 数据提高风电场宏观选址的准确性 [J]. 电网与清洁能源，2009，25 (8)：54-58.

[65] 乔歆慧，张延迟，解大．风电场的选址及布局优化仿真 [J]. 华东电力，2010，38 (6)：914-936.

[66] 钟素梅．风电场的机组选型与场址选址工作探讨 [J]. 中国西部科技，2011，10 (6)：45-46.

[67] 杨珺，张闯，孙秋野，王刚．风电场选址综述 [J]. 太阳能学报，2012，S1：136-144.

[68] 王丰，刘德有，曾利华，等．大型风电场风机最优布置规律研究 [J]. 河海大学学报（自然科学版），2010 (04)：472-478.

[69] 鲍亦和，吕斌．漂浮式海上风电场 [J]. 上海电力，2007，2：158-160.

本书编辑出版人员名单

总责任编辑　陈东明

副总责任编辑　王春学　马爱梅

责任编辑　高丽霄　李　莉

封面设计　李　菲

版式设计　黄云燕

责任校对　张　莉　黄　梅

责任印制　王　凌